KB072576

미적분의 쓸모

미적분의 쓸모

한화택 지음

더퀘스트

일러두기
이 책에 수록된 그림자료 중 저작권 허락을 받지 못한 일부 작품에 대해서는 저작권자가 확인되는 대로 계약
을 맺고 그에 따른 저작권료를 지불하겠습니다.

세상의 변화를 이해하고
미래를 예측하는 언어, 미적분

수학의 눈으로 바라보면 세상의 변화가 한눈에 들어온다. 과학 저술가인 칼 세이건은 수학이란 우주 어디에나 통용될 수 있는 보편적인 언어라고 했다. 그중에서도 미적분은 세상의 변화를 설명하는 언어다. 특히 미적분의 시각으로 보면 첨단 과학기술의 원리부터 자연현상, 사회의 변화까지 선명하게 드러난다. 미분을 통해서 세상의 순간적인 변화와 움직임을 포착하고 적분을 통해서 작은 변화들이 누적되어 나타나는 상태를 이해할 수 있다. 다시 말해 과거를 적분하면 현재를 이해할 수 있고, 현재를 미분하면 미래를 예측할 수 있다.

이 책은 로켓 발사에서 시작해 차량 속도 측정, 딥러닝, 단층촬영, 애니메이션 등 우리가 주변에서 쉽게 접할 수 있는 다양한 미적분 응용 사례를 소개한다. 먼저 뉴턴은 어떤 생각으로 미분의 개념을 처음 만들었으며, 아르키메데스는 어떤 과정을 통해서 적분의 개념을 정리했는지 살펴본다. 첨단 과학기술 분야를 비롯해서 변화가 있는 곳이라면 어디든지 미적분이 있다. 미적분은 경제전망이나 기상예보와 같이 앞으로 일어날 미래를 예측하고, 인공지능이나 제품을 개발하는 데 최적화된 설계를 할 수 있도록 해준다. 그런가 하면 주식투자나 합리적 소비 그리고 어림계산 등 일상생활 속에서도 우리가 인식하지 못하는 가운데 곳곳에서 활용되고 있다.

많은 사람이 미적분이라는 말만 들어도 어려워하는 것이 사실이다. 미적분을 현장에서 직접 활용하는 공학자들도 미적분을 수학 중에서 가장 어려운 분야로 꼽는다. 전문 분야에서 쓰이는 미적분은 실제로도 그 계산이 너무 복잡해서 컴퓨터에 맡길 수밖에 없다.

그럼에도 인간이 미적분을 이해하지 못했다면, 그 쓸모를 제대로 이용할 줄 몰랐다면 오늘날과 같은 과학기술의 발전은 상상하기 어려웠을 것이다. 다행히 사람들이 생각하는 것과 달리 미적분의 개념만큼은 보통 사람들도 충분히 이해할 수 있다. 그리고 미적분방정식을 풀거나 인공지능 프로그램을 만들지 못하더라도 미적분을 활용할 수 있다. 컴퓨터 전공자가 아니라도 컴퓨터를 사용하고, 스마트폰의 구조를 몰라도 스마트폰을 능숙하게 다루는 것과 같은 이치다. 미적분은 이제 공학자들의 전유물이 아니라 현대인이 알아야 할 기본 상식이다.

이 책을 읽다가 도통 읽기조차 어려운 수식이 보이더라도 크게 걱정할 필요는 없다. 그 수식을 직접 풀 일은 거의 없을 테니까. 여러분이 알아야 할 수식이 있다면 그래프와 다양한 그림자료를 최대한 활용해 직관적으로 이해할 수 있도록 설명해두었다. 특히 이번 증보개정판에서는 초판에서 이해하기 어렵다는 지적을 받은 몇몇 그림에 관해 보충 설명을 했다. 공학을 전공하지 않은 사람들도 면적계 등을 이해할 수 있길 바란다. 각 분야의 최신 현황도 추가했다. 알파고의 등장 이후로는 크게 주목받지 못한 인공지능 개발 현황과 함께 최근에 많은 관심을 받은 우주공학 현황도 담았다. 무엇보다 기존의 단행본들에서는 자세하게 다뤄지지 않은 기울기를 주요하게 다뤘다. 기울기는 도함숫값을 보여주는 시각적 정의이자 기하학적으로 중요한 미적분 개념이다. 기울기를 이해해야 비로소 미적분적 사고가 가능해진다.

이 책은 경제학, 금융공학, 기하학, 의료공학, 항공우주공학, 천체물리학 등 다양한 분야에서 미적분이 어떻게 활용되고 있는지 보여준다. 그러다 보니 일일이 서술하지 못한 점이 많이 있어 해당 전공자의 입장에서 보면 부족한 부분이 있으리라 생각한다. 또한 미적분을 완전히 나누기는 어려움에도 불구하고 좀 더 쉽게 설명하기 위해 미분과 적분으로 임의로 나누어서 이야기한 점도 너그러이 이해해주기 바란다.

과학기술 시대에 우리 곁으로 바짝 다가온 미적분은 이제 컴퓨터의 도움을 받으면 누구든지 어렵지 않게 활용할 수 있다. 이 책이 조금이나마 미적분의 개념을 잡는 데, 나아가 세상의 변화를 이해할 수 있는 눈을 갖는 데 도움이 되기를 바란다.

한화택

[차례]

[1]

혁명의 시작,
순간속도를 계산하라
가속도

사고는 2006년 10월 3일, 안개주의보가 발령된 개천절 아침에 발생했다. 당시 서해대교의 가시거리는 약 60미터로, 달리는 앞차를 겨우 분간할 수 있는 정도에 불과했고, 고속도로에 설치된 전광판은 '안개 조심' '감속운행'이라는 빨간색 글씨를 잇달아 띄우고 있었다.

오전 7시 40분경, 경기도 평택시 부근 서해대교 서울 방향 3차로에서 25톤 트럭이 과속을 하다가 앞서가던 1톤 트럭을 들이받고 2차로로 튕겨나갔다. 그리고 2차로를 달리던 10인승 승합차는 미처 속도를 줄이지 못해 25톤 트럭과 추돌했고 이 뒤로 승용차, 택시, 버스들이 줄지어 추돌했다. 이때 트럭의 연료탱크가 폭발하면서 차량 11대가 불탔는데, 대형 화재에 놀란 자동차들이 연이어 멈추면서 29중 추돌사고가 일어났다. 12명이 사망하고 50여 명이 부상을 입은 대형 사고였다. 대법원은 최초 사고 차량의 운전자가 안전조치 없이 차량을 멈춰 사고를 키웠다고 판단했다.

서해대교 29중 추돌사고는 특이한 사건이 아니다. 바다 위에 건설된 서해대교는 1년에 30~50일 정도 해무가 발생하는 곳으로 늘 주의해야 하지만, 해마다 연쇄 추돌사고가 발생한다. 이 밖에도 2015년에는 인천 영종대교에서 105중 추돌사고가 발생하는 등 곳곳에서 대형 교통사고는 끊이지 않는다. 바로 과속 때문이다. 그리고 이런 사고를 미연에 방지하기 위해 정부는 1997년부터 도로 곳곳에 과속방지카메라를 설치했다.

그렇다면 과속방지카메라처럼 매우 짧은 시간 동안 빠르게 달리는 자동차의 순간속도를 측정하는 원리는 무엇일까? 여기서는 1666년 영국 울즈소프에 사과나무가 있던 집으로 돌아가, 한 20대 청년의 꿈을 살펴보려 한다. 이 청년은 과학과 수학을 공부하면서 한 질문의 답을 찾고 싶어했다.

천체의 움직임을 설명하고 예측할 수 있을까?

당시에는 어떤 수학도 '움직이는' 물체의 속도를 계산하지 못했다. 움직이지 않는 물체 또는 변화하지 않는 상태만이 수학의 연구 대상이었던 것이다. 하지만 이 청년은 포기하지 않았다. 그리고 누군가는 페스트(흑사병)의 해, 누군가는 기적의 해로 말하는 1666년에 천체의 움직임을 수학적으로 설명해낸다. 순간의 속도를 측정할 수 있는 수학을 고안하고 활용해서! 그 청년이 바로 아이작 뉴턴Isaac Newton이다.

세상에 움직이지 않는 것은 없다

우리는 속도 속에서 살아간다. 자동차나 비행기처럼 눈으로 보기에 움직이는 물체만 이동하는 것이 아니다. 우리가 느끼지는 못하지만 모든 사람, 모든 물체, 모든 자연, 심지어 공기까지 빠른 속도로 온 우주에서 움직이고 있다. 지구의 자전 속도는 시속 1,660킬로미터, 공전 속도는 시속 10만 7,500킬로미터인데, 함께 움직이기 때문에 느끼지 못할 뿐이다.

17세기 이전까지는 이러한 움직임을 인식하지 못했다. 17세기 들어 갈릴레오 갈릴레이Galileo Galilei는 매끄러운 경사면을 따라 작은 구슬을 굴리면서, 운동하는 물체는 외부 간섭이 없는 한 본래의 속도를 유지하려 한다는 사실을 발견했다(등속직선운동). 하지만 사람들은 일상에서 힘을 가하지 않아도 멈추고 마는 물체를 보고는 갈릴레이의 이론이 아닌 자신의 눈을 믿었다. 갈릴레이가 발견한 것은 사실 공기저항이 없는 진공상태에서나 가능한 현상으로, 일상에서 경험하는 것과는 다르기 때문이었다.

더 나아가 사람들은 천상에서는 신의 원리가, 지상에서는 인간의 원리가 작용한다고 믿었다. 천상계와 지상계가 서로 다른 운동을 하고 있다고 생각했던 것이다. 천체운동은 신의 뜻에 따라 움직이는 것이기 때문에 하늘을 관찰하고 해석하는 것조차 불경스럽게 생각하던 시대였다. 하지만 갈릴레이는 자신의 천체 관측 결과가, 니콜라우스 코페르

니쿠스Nicolaus Copernicus가 주장한 지구가 태양의 주위를 돌고 있다는 지동설을 뒷받침한다고 생각했다. 망원경으로 하늘을 보고는, 위성이 금성과 목성 주위를 돌고 있는 것처럼 달이 지구 주위를 돌고 있다는 사실을 발견한 것이다. 요하네스 케플러Johannes Kepler 역시 지동설에 대한 증거로 행성의 운동 궤도가 완벽한 구형이 아니라 타원이라고 발표했다.

뉴턴 역시 천상계와 지상계에는 서로 동일한 운동법칙이 적용되어야 한다고 생각했다. 뉴턴은 궁금했다. '왜 달은 하늘에 계속 떠 있는데 사과는 지면으로 떨어질까?' 당시 페스트가 크게 유행하여 학교가 갑자기 휴교하자 뉴턴은 이러한 궁금증을 안은 채 고향 울즈소프로 돌아

포탄의 궤적으로 달의 운동을 설명한 뉴턴의 사고실험

높은 곳에서 수평방향으로 포탄을 발사하면(V_1) 일정 거리를 날아가다가 중력에 의해 지면으로 떨어진다. 더 빠르게 발사하면(V_2) 포탄은 더 멀리까지 날아간다. 어느 속도(V_3) 이상으로 발사하면 지구가 둥글기 때문에 포탄은 영원히 지면에 닿을 수 없다. 결국 지구를 한 바퀴 돌아 처음 위치로 돌아온다. 마찬가지로 달이 지구 주위를 도는 것도 달이 계속해서 지구를 향해 떨어지기 때문이다.

갔다. 그리고 빈둥거리며 지내던 어느 날 사과나무에서 떨어지는 사과를 보고는 그동안 품고 있던 모든 궁금증에 대한 답을 얻었다.

그는 후에 당시의 위대한 발견을 설명하는 그림 한 장을 남겼다. 자신의 저서《자연철학의 수학적 원리Philosophiae Naturalis Prinicipia Mathematica》(일반적으로《프린키피아Principia》라 불린다)에 실린 포탄 가상실험 그림으로, 달이 지구를 도는 것은 곧 지구를 향해서 계속 떨어지고 있다는 증거임을 설명하고 있다. 천상에 있는 달이나 지상에 있는 사과나 똑같은 물리법칙이 적용되고 있다는 점, 즉 서로 잡아당기고 있다는 사실을 표현한 것이다.

세기의 발견과 가속도의 관계

뉴턴은 다른 과학자들과 달리 행성들이 왜 그렇게 운동하는지도 궁금했다. 행성들이 어떤 궤도를 따라서 운동하는가 하는 기하학적인 궤적을 단순히 밝히는 데에서 한 걸음 더 나아가 다음과 같은 근본적인 질문을 던졌다. '도대체 태양과 행성 사이에는 어떤 힘이 작용하는가?'

돌멩이를 줄에 매달아 돌리면 원운동을 한다. 줄이 돌멩이를 중심으로 당기고 있기 때문이다. 이를 '구심력centripetal force'이라 하는데, 이 힘 때문에 돌멩이가 계속 속도의 방향을 바꾸면서 원운동을 한다. 줄이 끊어지면 돌멩이는 접선방향으로 직진하면서 떨어져나간다.

여기서 속력speed과 속도velocity는 구별된다. 줄에 매달린 돌멩이를 같은 속력으로 돌리더라도 속도가 변화한다. 원운동을 하면서 방향이 계속 바뀌기 때문이다. 속력은 방향에 관계 없이 크기만 가지고 있는 값(스칼라scalar)이고, 속도는 속력이라는 크기와 이동하는 방향을 가진 값(벡터vector)이다. 원운동을 하면서 속도가 바뀐다는 것은 가속도가 작용하고 있다는 얘기다. 이때 가속도는 원운동의 중심을 향한다.

만일 신축성 있는 고무줄을 사용한다면 고무줄 길이가 늘어났다 줄어들었다 하면서 돌멩이는 타원운동을 하게 된다. 지구도 고무줄에 매달린 돌멩이처럼 타원을 그리며 태양 주위를 공전하고 있다. 케플러는 일찍이 태양과의 거리에 따라 행성들의 운동이 빨라지거나 느려지

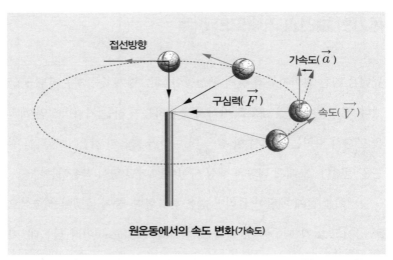

원운동에서의 속도 변화(가속도)

줄에 매달린 공은 접선방향의 속도를 갖는다. 원을 그리면서 속도의 크기인 속력은 일정하지만 속도의 방향은 계속 바뀐다. 안쪽에서 끌어당기는 줄의 장력 때문에 속도의 변화, 즉 가속도가 원운동의 중심을 향한다.

면서 타원 궤도를 그린다는 법칙을 생각해냈다. 사실 타원운동이 원운동보다 더 일반적이고 자연스러운 운동이다. 왜냐하면 조금도 찌그러지지 않은 완벽한 원이라는 도형은 다양한 타원들 중에서 아주 특별한 경우에 해당하기 때문이다.

원운동이든 타원운동이든 행성들이 접선방향으로 떨어져나가지 않는 이유는, 줄로 연결되어 있지는 않지만 서로 당기는 힘이 있기 때문이다. 뉴턴은 이렇게 천상계와 지상계 구분 없이 질량을 가진 모든 물체는 서로를 끌어당기는 힘이 있다고 생각했다. 그리고 이 만유인력 universal gravitation 때문에 지구가 가속도를 받아 속도의 방향이 계속 바뀌면서 타원 궤도를 그리게 된다는 결론을 내렸다.

이 과정에서 우리에게 익숙한 공식이 나온다.

$$F = ma$$

여기서 F는 물체에 가해지는 힘이고 m은 질량, a는 가속도다. 이 공식은 일명 가속도의 법칙이라고 불리며 대부분 '힘＝질량×가속도'를 계산하는 공식으로 알려져 있다. 하지만 이는 이 공식을 한정적으로 바라본 관점에 불과하다. '$F = ma$'는 '힘을 받은 물체는 가속한다'는 세상 모든 물체의 운동을 기술하는 자연법칙이다. 만유인력이 존재함을 증명하는 공식인 것이다. 이 공식은 사실 가속도의 크기와 함께 방향까지 고려하면 뒷장과 같이 벡터 식으로 나타내야 한다.

$$\vec{F} = m\vec{a}$$

x방향 힘은 x방향 가속도를 만들어내고 y방향 힘은 y방향 가속도를 만들어낸다는 사실을 나타내기 위해 벡터 형태로 표시해야 하는 것이다. 이렇게 하면 가속도의 크기는 힘에 비례한다는 사실에, 가속도의 방향은 힘의 방향과 같다는 사실을 포함할 수 있다.

뉴턴의 꿈으로 돌아가보자. 뉴턴의 꿈은 천체의 움직임, 즉 우주라는 공간에서 시간에 따른 천체의 위치 변화로 만유인력을 이해하는 것이었다. 그리고 앞의 공식을 이용하면 뉴턴은 답을 얻을 수 있었다. 단 천체의 움직임을 제대로 알기 위해서는 시간에 따른 천체의 위치를 관찰하고, 이로부터 천체의 가속도를 알아내야 했다.

뉴턴에게 남은 숙제는 이 가속도를 이해하고 측정하는 방법을 수학적으로 기술하는 것이었다. 그리고 이 가속도를 수학적으로 정확히 표현하기 위해서 만든 개념이 바로 미분이다. 미분은 근대에 탄생한 움직임에 관한 수학이다.

물리학자인 뉴턴은 왜 미분을 고안했을까?

미분을 간단하게 한 단어로 정의하면 '변화'다. 즉 가속도는 속도의 변화고 속도는 위치의 변화다. 미분을 이야기할 때 항상 뉴턴과 함께 이름을 올리는 수학자가 있다. 바로 고트프리트 빌헬름 폰 라이프니츠 Gottfried Wilhelm von Leibniz다. 이 두 사람은 전혀 다른 방식으로 미분을 고안했다. 뉴턴은 시간에 따른 자연현상의 변화를 수학적으로 기술하기 위해 미분을 고안했고 라이프니츠는 미분의 체계를 우선시했다. 라이프니츠는 시간뿐 아니라 공간좌표나 물리량에 따른 변화를 모두 나타낼 수 있는 일반화된 미분 체계를 고안했다. 누가 먼저 미분을 고안했는지에 관한 논쟁도 유명하지만, 여기서는 그에 대한 설명은 접어두고 위대한 물리학자로 일컬어지는 뉴턴이 미분의 어떤 점에 끌렸는지 살펴보자.

상태의 변화를 이해하는 수학

세상은 변화한다. 행성의 위치나 속도뿐 아니라 사람도 변하고 세월도 변한다. 주변 환경도 변하고 우리 생활도 변하고, 세상에는 변하지 않는 것이 없다.

우리는 차이를 통해 변화를 느낀다. 두 가지 다른 상태를 비교해서 차이를 인식하는 것이다. 예컨대 어린아이들이 까꿍 놀이를 좋아하는 이유는 손으로 얼굴을 가렸다가 떼는 순간 있는 것과 없는 것의 차이가 생기기 때문이다. 없던 것이 생기는 변화가 재미있는 것이다.

차이는 변화한 양이다. 사탕의 개수 변화(Δf)는 사탕 개수(f)와 다르다. 사탕이 많고 적음의 문제가 아니라 개수가 늘어났느냐 줄어들었

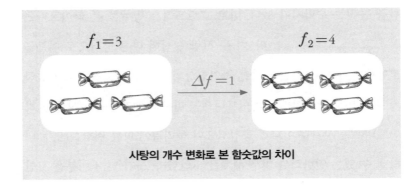

$$f_1=3 \quad \xrightarrow{\Delta f=1} \quad f_2=4$$

사탕의 개수 변화로 본 함숫값의 차이

느냐의 문제다.

마찬가지로 속도가 빠른 것과 점점 빨라지는 것, 뜨거운 것과 점점 뜨거워지는 것도 명확히 구별된다. 빨라진다는 것은 속도가 시속 몇 킬로미터이건 관계없이 속도가 증가한다는 뜻이며, 뜨거워진다는 것은 온도가 몇 도이건 상관없이 온도가 증가한다는 뜻이다. 속도의 방향이 바뀌는 것도 변화다. 이러한 변화량이 바로 함숫값의 차이가 된다. 그리고 미분은 변화량, 즉 함숫값의 차이에 주목한다.

열역학에는 상태state와 과정process이라는 용어가 나온다. 상태란 시간이 지나도 변화하지 않는 어떤 값을 갖게 하는 거시적 조건을 말한다. 평형이 이루어진 상태를 평형상태, 변동하지 않는 상태를 정적상태, 포화된 상태를 포화상태라 한다. 그리고 상태량quantity of state이란 상태를 정량화하는 특성값으로 온도, 압력, 질량, 부피 등의 물리량이 이에 해당한다. 상태량들은 물리적 상태가 주어지면 정확하게 결정된다. 예를 들어 압력과 온도가 주어지면 기체의 부피뿐 아니라 내부 에너지와 엔트로피entropy 등 모든 상태량이 결정된다. 일상생활에서도 상태라는 말을 종종 사용한다. 깨어 있는 상태를 각성상태, 의식불명 상태를 혼수상태, 술 취한 상태를 주취상태라 한다. 각성상태와 혼수상태의 상태량은 인지능력, 각성도 등이며 주취상태의 상태량은 혈액 내의 알코올 농도 등일 것이다.

그런가 하면 과정은 하나의 상태에서 다른 상태로 넘어가는 경로를 말한다. 압력이 일정한 상태에서 일어나는 변화를 등압과정, 온도가 일정한 상태에서의 변화를 등온과정이라 하는데, 이러한 열역학적 과정

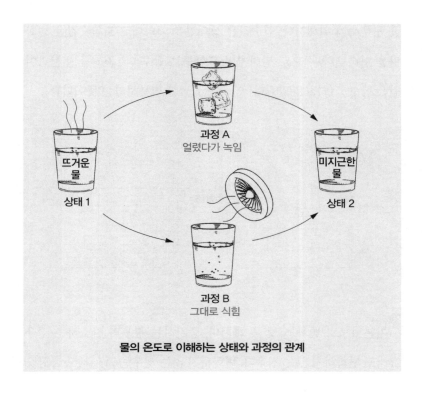

물의 온도로 이해하는 상태와 과정의 관계

을 거치면 상태량이 변화한다. 상태의 변화 과정은 경로에 따라서 다르지만, 도달한 상태인 현재 상태는 어느 경로를 통해서 그 지점에 도달하건 차이가 없다. 어떤 등산로를 선택하더라도 정상에 오른 후에는 내 위치가 매한가지인 것처럼, 상태량은 현재의 상태에만 의존할 뿐 과거에 어떤 경로를 지나왔는지와는 무관하게 결정된다는 뜻이다. 미지근한 물이면 미지근한 물이지, 뜨거운 물을 얼렸다가 녹인 것인지 그대로 식힌 것인지 과거는 문제가 되지 않는다.

여기서 장황하게 열역학적 상태와 과정을 설명한 이유는 상태량과 변화량의 차이를 통해 수학의 함숫값과 이를 미분하여 얻은 도함숫값을 구분하기 위해서다. 함숫값은 상태량을 나타내고 도함숫값은 변화량을 나타낸다. 식으로 말하자면 도함수는 함수 $y = f(x)$를 미분하여 얻은 함수 $f'(x)$값을 말한다[$f'(x)$는 $f(x)$를 미분하라는 뜻이다].

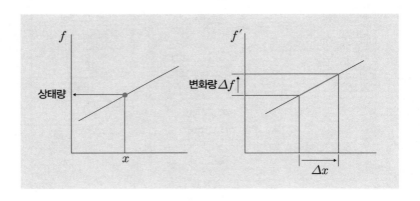

기본적으로 변화는 셋 중 하나다. 증가하는 경우와 감소하는 경우 그리고 변화하지 않는 경우다. 변화하지 않는 경우는 $\Delta f = 0$으로 함숫

값에 변화가 없다. 함숫값이 증가하면 변화량은 양(+)이 되고, 함숫값이 감소하면 변화량은 음(−)이 된다.

변화를 일으키는 조건, 독립변수

다음으로 변화를 일으키는 조건의 차이를 이해해야 한다. 수학적으로 말하자면 함숫값을 변화시키는 독립변수independent variable(또는 입력변수)를 의미한다. 일출 전과 후의 온도 차이 또는 어제와 오늘의 주가 변동이라는 것은 공통적으로 시간이라는 독립변수에 따른 변화를 말한다.

뉴턴이 관심을 가졌던 미분 역시 시간이 독립변수다. 독립변수로는 시간뿐 아니라 공간좌표 등 어떠한 물리량도 사용할 수 있다. 산의 기울기를 말할 때는 시간이 아니라 걸어가는 방향의 거리좌표(x)에 따라서 높이 변화가 발생한다.

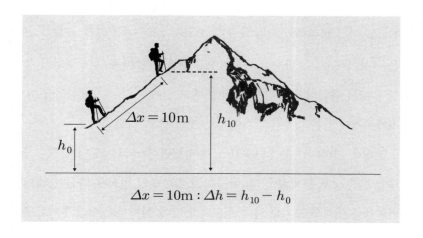

$$\Delta x = 10\text{m} : \Delta h = h_{10} - h_0$$

또 온도가 일정한 등온상태에서 이상기체에 압력(P)을 가하면 부피가 감소한다. 이때는 압력이라는 독립변수의 변화에 따라 부피라는 함숫값의 변화가 발생한다.

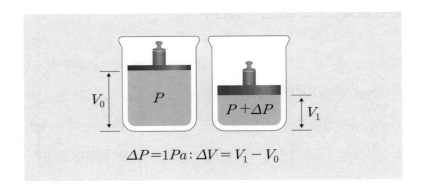

$$\Delta P = 1Pa : \Delta V = V_1 - V_0$$

자연과학 분야에서 시간과 공간좌표는 중요한 독립변수다. 시간에 따른 변화, 위치에 따른 변화 등에 관한 사례는 무수히 많다. 시간과 공간 외에도 온도, 압력, 길이, 전압 등 다양한 물리량이 독립변수로 활용된다. 인문사회 분야에서는 인구수, 통화량, 경제지표 같은 정량적quantitative 변수뿐 아니라 적극성, 성실성, 만족도, 성취감, 행복감 같은 정성적qualitative 변수도 독립변수로 활용된다. 예를 들어 성실성 향상에 따른 학급석차의 변화, 적극성 변화에 따른 성공 가능성의 변화, 경제사정에 따른 행복감의 차이 같은 것들이다.

조건을 나타내는 독립변수가 크게 바뀌면 결과적으로 나타나는 상태인 함숫값도 크게 변한다. 따라서 독립변수의 변화에 따른 상태의 변화를 상대적인 크기로 나타낼 필요가 있다. 여기서 함숫값의 변화량

(Δf)을 조건의 차이, 즉 독립변수의 변화량(Δx)으로 나눈 비율을 변화율이라 한다. 따라서 변화율은 $\Delta f / \Delta x$다. 일출 후 시간 경과에 따른 온도 증가율은 [℃/hr], 압력 증가에 따른 부피 증가율은 [m³/Pa]로 표시된다.

앞의 그림에서 말한 등산할 때의 이동거리당 높이 변화율과 압력당 부피 변화율을 간단하게 표현하면 다음과 같다.

$$\frac{\Delta h}{\Delta x} = \frac{h_{10} - h_0}{\Delta x}$$

$$\frac{\Delta V}{\Delta P} = \frac{V_1 - V_0}{\Delta P}$$

사실 뉴턴은 만유인력의 법칙을 설명할 때 오늘날 미적분에서 사용하는 수식이나 기호를 사용하지 않고, 곡선에 접하는 접선을 통해 미분의 개념을 기하학적으로 제시했다. 이를 유율법method of fluxions이라 한다. 뉴턴은 움직이는 점의 속도를 흐르는 양이라는 의미에서 유량, 유량의 변화를 유율이라 했다. 그리고 매우 짧은 시간 동안 행성이 움직인 경로는, 엄밀하게는 곡선이지만 극한의 개념을 써서 짧은 직선으로 간주했다. 곡선 위를 움직이는 점이 어느 순간 점 $A(a,b)$에 있다가 아주 짧은 시간 o(오미크론)이 지나면 움직이는 점은 A에서 약간 떨어진 점 $A'(a+o\cdot p,\ b+o\cdot q)$로 이동한다. 이때 x방향으로 이동한 거리는 $o\cdot p$, y방향으로 이동한 거리는 $o\cdot q$다. 직선 $A-A'$의 기울기는

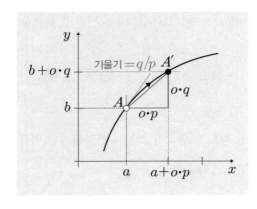

$o \cdot q / o \cdot p$로 나타난다. 여기서 o은 지금의 무한소 infinitesimal 개념이고, p는 x방향 속도, q는 y방향 속도에 해당한다. 매우 적은 양인 o이 0이 아니면 약분하여 q/p가 되는데, 이는 행성운동의 진행방향과 같으며 곡선의 접선방향이기도 하다. 이러한 유율법 덕분에 뉴턴은 미분을 발견한 인물로 인정받는다.

뉴턴은 독립변수를 시간(t)으로 한정했다. 뉴턴 자신이 행성의 속도와 가속도에 관심이 있었기 때문에 시간에 따른 변화를 기술해야 했다. 즉 뉴턴에게 미분한다는 것은 곧 시간으로 미분하는 것을 의미했다. 하지만 이러한 뉴턴의 미분 개념은 현실 속의 다른 문제, 곧 시간 외의 다른 변수에 따른 변화를 반영하기 어려웠다. 반면에 라이프니츠는 시간뿐 아니라 어떠한 변수에 대한 변화도 나타낼 수 있는 실용적인 미분 개념을 제시했다. 뉴턴은 함수 f의 미분을 f'로 표현했는데, 이때 미분을 당연히 시간 미분으로 이해해도 혼동의 여지가 없다. 뉴턴과 달리 라이프니츠는 d를 써서 다양한 표현이 가능하도록 했다. d는 미분할 대상을 가리키는 수학 기호다. 예컨대 f를 t로 미분하면 $\dfrac{df}{dt}$, f를 x로 미분하면 $\dfrac{df}{dx}$와 같이 독립변수에 따른 수학적 표현

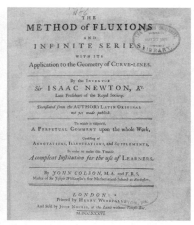

뉴턴의 저서 《유율법》에 실린 권두 삽화와 제목 페이지

을 구분할 수 있도록 한 것이다. 현재 우리는 라이프니츠가 제안한 미분 개념과 표기법을 따르고 있다.

분명한 것은 뉴턴이 자신의 꿈을 이루기 위해 고안한 이 수학 개념이 과학혁명을 이루는 데 일조했고, 300년이 지나 최첨단기술을 만나 다양한 방면에 쓰이고 있다는 사실이다. 시간에 따른 미분의 개념을 제시한 것만으로도 인류의 큰 도약이었다.

도로의 무법자를 잡는 미분

앞에서 이야기한 과속방지카메라는 미분을 활용한 대표적인 예로 꼽힌다. 그 원리도 간단해서 미분을 처음 접하는 사람들도 쉽게 이해할 수 있다. 참고로 과속방지카메라에는 세 가지 종류가 있는데, 각기 다른 원리가 숨어 있다. 고정식 단속카메라는 미분의 원리를 이용해서 순간속도(순간변화율)를 측정하고, 구간 단속카메라는 평균속도(평균변화율)를 측정한다. 이동식 단속카메라는 주파수frequency 변이에 따른 도플러효과Doppler effect를 이용한다. 도플러효과에 관해서는 뒤에 자세히 설명하겠다.

　과속방지카메라를 발명한 사람은 네덜란드의 자동차 경주선수 마우리츠 하초니더스Maurits Gatsonides다. 그는 본인의 차가 도로 모퉁이를 돌 때의 속도를 측정하고자 카메라 가초Gatso를 발명했는데, 바로 이 카메라에 300여 년 전의 미분 원리가 담겨 있다. 그렇다면 자동차 경주장에 있던 카메라가 고속도로 위에서는 어떻게 속도를 위반한 차를 가려낼까? 현재 가장 많이 쓰이고 있는 고정식 단속카메라를 통해 그 원리를 알아보자.

　고정식 단속카메라가 자동차의 규정 속도를 측정할 때의 기준은 매 순간의 속도다. 많은 사람이 카메라가 속도를 측정한다고 생각하는데, 사실 고정식 단속카메라는 단지 통과 차량의 번호판을 찍는 역할만 한다. 속도 측정은 아스팔트 바닥에 설치된 감지선이 담당한다. 자동차가 특정 지점을 지날 때의 속도를 측정해야 하니까.

　원리는 다음과 같다. 도로 바닥에 일정한 간격으로 2개의 와이어 루프가 설치되어 있는데 차량이 이를 밟고 지나갈 때 통과시간을 측정한다. 감지선이 금속 물체가 통과하는 것을 감지하는 것은 영국의 물리

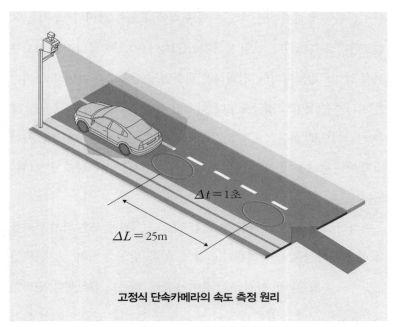

고정식 단속카메라의 속도 측정 원리

두 감지선 사이의 거리(ΔL)를 통과시간(Δt)으로 나누어 차량의 속도를 구하고, 이렇게 계산된 속도가 규정 속도를 넘은 차량은 카메라가 사진을 찍는다.

학자 마이클 패러데이Michael Faraday가 발견한 유도전류induced current 법칙에 따른 것이다. 차량의 속도 V는 두 감지선 사이의 거리(ΔL)를 통과시간(Δt)으로 나누어 구한다. 전방에 설치된 카메라는 이렇게 계산된 속도가 규정 속도를 넘는 차량에 대해서만 사진을 찍는다.

$$V = \frac{\Delta L}{\Delta t}$$

예를 들어 두 감지선 사이의 거리(ΔL)가 25미터인데 여기를 차량이 1초 만에 통과했다면, 속도는 앞의 식에서 초속 25미터, 즉 시속 90 킬로미터로 측정된다. 만일 통과시간(Δt)이 0.9초로 짧아지면 속도는 시속 약 100킬로미터다. 엄밀하게 말하면 순간속도가 아니라 25미터를 지나가는 동안의 평균속도다. 하지만 시간 간격인 1초는 충분히 짧은 시간이므로 현실적으로 순간속도로 생각해도 무방하다. 1초 사이에 일어나는 속도 변화는 매우 작아서 일상에서는 무시해도 좋으니까 말이다.

따라서 고정식 단속카메라는 순간속도, 즉 시간에 따른 위치 변화율에 매우 근사한 값을 측정한다고 볼 수 있다. 만일 수학적으로 완벽한 순간속도를 원한다면 간격을 더 줄여야 한다. 미분도 배웠겠다, 완벽한 도함숫값을 구하고 싶은 충동이 생길 수도 있겠다. 만일 감지선 간격을 25미터에서 2.5미터로 줄이면 차량이 통과하는 시간 간격은 1초에서 0.1초 정도로 줄어든다. 아니 더 줄여서 0.25미터로 만들면 통과 시간은 0.01초가 된다. 이론적으로는 시간 간격을 무한소로 보내면 순간 변화율에 접근할 수 있다.

감지선 간격을 줄일수록 순간속도에는 가까워지겠지만 문제는 측정 오차에 있다. 세계적인 수준을 자랑하는 육상 100미터 달리기 세계기록의 측정 오차는 ±0.01초다. 감지선 통과 시간을 측정하는 장치의 오차 역시 세계 육상대회 수준이라고 해보자. 측정된 시간 간격이 1초일 때는 오차가 ±(0.01/1)=±1퍼센트에 불과하지만, 0.1초일 때는 오차가 ±(0.01/0.1)=±10퍼센트가 된다. 만일 측정된 속도가 시속

100킬로미터라면 시속 ±10킬로미터의 오차를 포함하게 된다. 즉 시속 90킬로미터에서 110킬로미터 사이의 불확실한 값을 갖게 되는 것이다. 여기에 다른 오차 요소까지 합산하면 측정 결과는 도저히 믿을 수 없는 값이 된다.

차량 길이도 측정 결과에 영향을 끼친다. 차량 앞부분과 뒷부분은 거리가 꽤 떨어져 있기 때문에 감지선 통과 시점을 정확하게 잡기 어렵다. 특히 버스처럼 차량 길이가 긴 경우에는 차량이 전체 감지선 구간의 상당 부분을 차지하는 꼴이 된다.

따라서 현실적으로 측정 오차를 감안하여 감지선 간격을 20~30미터 정도로 유지하고, 다른 오차까지 합친 총오차율이 10퍼센트를 넘지 않도록 한다.

비밀 아닌 비밀인데, 고정식 단속카메라가 설치된 도로에서, 예를 들면 규정 속도가 시속 100킬로미터인 고속도로에서 초과 속도가 시속 10킬로미터 이내면 과속 적발이 되지 않을 수 있다. 하지만 오차 범위 10퍼센트 내에도 오차가 있으므로 9퍼센트가 넘었으니 괜찮고 11퍼센트가 넘었으니 안 된다는 식으로 따질 수는 없는 노릇이다. 게다가 자신의 차량 속도계 자체에도 오차가 있어서 운전자가 생각하고 있는 속도와 차이가 날 수 있다. 요령껏 과속하라는 얘기가 아니라, 운전하다 보면 간혹 규정 속도보다 조금씩 초과하는 경우가 있는데 크게 신경 쓸 필요는 없다는 얘기다.

뛰는 캥거루 운전자, 그 위를 나는 미분

고정식 단속카메라를 피해 평상시에는 과속 운전을 하다가 카메라 앞에서만 속도를 줄이는 일명 캥거루 운전자들이 많다. 하지만 뛰는 캥거루 운전자 위로 새로운 과속방지카메라가 등장했다. 바로 구간 단속카메라다. 앞에서 이야기한 29중 추돌사고가 있었던 다음 해에 서해대교에도 구간 단속카메라가 설치되었다.

구간 단속카메라는 순간속도를 측정하는 것이 아니라 구간 내의 평균속도를 측정한다. 단속 구간이 시작되는 지점과 끝나는 지점의 통과 시간을 기준으로 구간의 평균속도를 계산해서 과속 여부를 판정하는 것이다. 수학적으로는 함수의 평균 기울기 개념이 적용되었다. 평균값 정리mean value theorem에 따르면 평균속도가 규정 속도 이상이라는 말은 구간 내 규정 속도를 위반한 시점이 적어도 한 곳 이상 있다는 뜻이다.

구간 단속카메라가 처음 등장했을 때, 수학을 어설프게 배운 운전자가 단속에 걸렸다. 출발 시각과 도착 시각이 찍히기 때문에 평균속도가 규정 속도를 초과한 것은 인정했지만 자신은 운전 내내 한 번도 규정 속도를 위반하지 않았다고 우겼다. 축지법을 써서 순간 이동한 것도 아니고 가능한 일일까. 평균값 정리로 설명해보자.

수학에서 평균값 정리는 라이프니츠가 최초로 고안해냈다. 연속적으로 변화하는 연속함수continuous function에 대해서 두 지점 사이의 평균변화율과 같은 순간변화율을 갖는 지점이 구간 내에 한 곳 이상 존재한다는 정리다. 즉 다음의 수식을 만족하는 c가 시작 지점 a와 끝나는 지점 b 사이에 반드시 있다는 것을 설명한다.

$$f'(c) = \frac{f(b) - f(a)}{b - a}$$

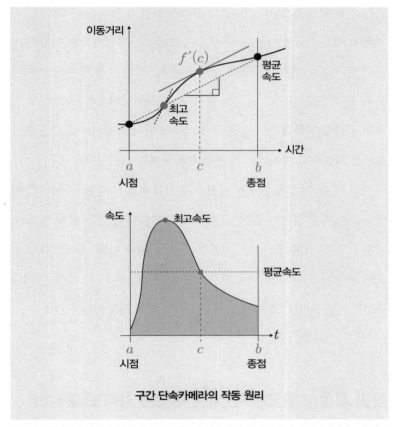

구간 단속카메라의 작동 원리

이동거리를 미분한 결과가 두 번째 속도 그래프다. 처음 출발 후 속도가 점점 빨라지다가 c에 이르기 조금 전에 최고속도에 이른다. 이후 속도는 연속적으로 줄어 c에서 평균속도와 같은 속도(첫 번째 그래프에서 평균속도의 기울기와 동일한 기울기)로 통과한다.

다시 말해 단속 구간을 통과하는 동안 평균속도가 규정 속도를 넘었다면 구간 내에서 적어도 한 번은 규정 속도를 넘었다고 봐야 한다. 그러니 "전체 구간에서 평균속도는 규정 속도를 넘었을지언정 중간에 규정 속도를 넘은 적이 한순간도 없다"라고 우기면 안 된다.

구간 단속카메라는 내리막길이나 쭉 뻗은 도로 등 과속의 유혹을 부르는 구간에 주로 설치되며, 구간 거리가 짧은 것은 6킬로미터에서 긴 것은 20킬로미터에 이른다. 구간 단속카메라는 평균속도와 아울러 시작 지점과 끝 지점의 순간속도도 측정한다. 3개의 측정 결과 중 하나라도 규정 속도를 넘으면 벌금을 물린다. 그나마 다행스러운 것은 세 번 모두 위반했다 하더라도 같은 구간 내에서 발생한 것이므로 가장 높은 속도를 기준으로 범칙금을 한 번만 부과한다는 사실이다.

시작 및 끝 지점의 속도는 캥거루 운전을 통해서 피할 수 있지만 평균속도는 피할 방법이 없다. 초반에 빨리 달렸다면 끝 지점에 일찍 도달하지 않기 위해 중간 어디선가 시간을 보내야 한다. 휴게소라도 있으면 좋으련만 단속 구간에 휴게소가 있는 경우는 거의 없다. 그러니 조급한 마음을 버리고 여유 있게 운전하는 것이 정답이다.

통과 지점은 중요하지 않다, 새로운 가속도 측정법

한 운전자가 차를 몰고 집에 가는 길에 교차로에서 그만 적색 신호를 지나치고 말았다. 교통경찰은 신호위반을 발견하고 즉시 차를 길가에 세웠다. 신호위반 딱지를 발부하기 위해 경찰관이 다가왔을 때 운전자는 예전에 배운 도플러효과가 생각났다.

"경찰관님! 도플러효과를 아시는지 모르겠지만, 저는 분명히 녹색 신호에 교차로를 통과했습니다. 그런데 아마 도플러효과 때문에 신호등에 다가가면서 실제 색(적색)보다 파장이 짧은(주파수가 높은) 녹색으로 보인 것 같습니다. 그러니까 신호위반이라 할 수 없습니다." 그러자 경찰관이 대답했다. "아! 그렇군요. 저도 학교 다닐 때 물리 시간에 배워서 도플러효과를 잘 알고 있습니다." 운전자가 안도의 한숨을 내쉬며 그대로 출발하려는데, 경찰관은 잠시 무엇인가를 열심히 계산하더니 이렇게 말했다. "신호위반 대신 과속 딱지를 받아가세요. 빛의 속도는 초속 3×10^8미터니까 적색($\lambda = 0.630\mu m$, $f = 4.8 \times 10^{14} Hz$)을 녹색($\lambda = 0.515\mu m$, $f = 5.8 \times 10^{14} Hz$)으로 보려면 초속 5.5×10^7미터의 속도로 운전했다는 말이네요. 이 속도는 이 도로의 규정 속도인 시속 80킬로미터를 훨씬 초과하거든요."

—《공대생도 잘 모르는 재미있는 공학 이야기》중에서

이동식 단속카메라는 고정식과 달리 도로 바닥에 감지선을 설치하지 않기 때문에 이동하면서 어디서나 측정할 수 있다. 다가오는 차량을 향해서 레이저나 초음파를 발사한 후, 반사되어 돌아오는 주파수의 변화를 측정한다. 야구장에서 투수가 던진 공의 속도를 측정하는 스피드건의 원리와 같다. 이동식 단속카메라는 고정식 단속카메라처럼 미분의 정의를 이용하는 것은 아니고, 변화된 주파수의 차이로 속도를 측정한다.

　소리나 빛과 같은 파동의 발생원과 관찰자의 상대속도에 따라서 주파수나 파장이 바뀌는 현상을 도플러효과라고 한다. 도플러효과는 일상에서도 관찰된다. 병원 구급차가 멀리서 다가올 때는 실제보다 고음(고주파수)으로 들리고, 반대로 멀어질 때는 저음(저주파수)으로 들린다. 도플러효과는 빛에도 적용되는데, 지구로 다가오는 별은 실제보다 짧은 파장(보라색 방향)으로 보이고, 반대로 지구에서 멀어지는 별은 긴 파장(빨간색 방향)으로 보인다. 가시광선 영역에서 빨간색에서 보라색으로 갈수록 파장이 짧아진다.

　도플러효과에 따르면 원래 발사된 주파수와 반사된 주파수는 다음과 같은 관계를 갖는다.

$$\frac{\Delta f}{f} \approx \frac{V}{c}$$

　즉 원래 주파수 f에 대한 변동 주파수 Δf의 비율은 파동의 전파 속도 c에 대한 차량이 다가오는 속도 V의 비율과 같다. 이동식 단속카메라에서 초음파를 사용할 경우 주파수의 변동($\frac{\Delta f}{f}$)이 10퍼센트면 음속에 대한 차량 속도의 비율($\frac{V}{c}$)도 대략 10퍼센트이므로 차량 속도는 공기 중 음속(초속 340미터)의 10퍼센트, 즉 초속 34미터(시속 약 122킬로미터) 정도가 된다. 레이저의 경우 광속 c는 초속 3×10^8미터로 차량 속도에 비해서 상당히 빠르기 때문에, 좀 더 정밀하게 주파수 또는 파장의 변화를 감지해야 한다. 하지만 원리는 초음파나 레이저 모두 도플러 주파수 변이에 의한 것이다.

지금까지 살펴본 세 가지 과속방지카메라 외에도 최근에는 디지털 카메라 기술이 좋아지면서 이미지프로세싱image processing(영상처리기법)을 이용한 새로운 방식의 단속카메라가 속속 개발되고 있다. 일정한 시간 간격으로 찍은 2장의 3차원 이미지에서 미세한 차이를 분석해 피사체의 거리를 비교하는 방식이나, 다른 각도에 있는 2대의 카메라로 찍은 이미지를 삼각법에 따라 물체나 번호판의 시야 각도를 보정함으로써 차량까지의 거리를 측정하는 방식 등이 그 예다.

별로 달갑지 않은 사람도 있겠지만, 측정 정확도를 높이고 활용이 용이한 과속방지카메라들이 속속 개발되고 있는 것이 사실이다. 물론 앞으로 자율주행차량 시대가 올 텐데, 계속해서 새로운 과속방지카메라를 개발해야 할지 근본적인 의문을 던지는 사람도 있다. 자율주행 시대에는 차량을 제작할 때부터 주변의 규정 속도를 감지하여 이를 넘지 못하도록 설정할 수 있기 때문이다. 애당초 과속할 수 없는 차량이 제작되는 것이다.

한 걸음 더 나아가 머지않은 미래에는 개별 차량에 대한 자율주행이 아니라 지역별 또는 전체 도시의 모든 차량에 대해서 통합적인 자율교통통제 시스템이 만들어질 수도 있다. 도시의 중앙 교통관제 시스템은 운전 중인 각각의 자율주행차량들과 교신하면서 출발지와 목적지를 입력받는다. 중앙컴퓨터는 도시 전체의 교통 수요를 감안하여 교통 흐름이 원활하도록 모든 차량을 원격으로 통제하여 운전하는 것이다. 과속은 물론이고 차량 간 충돌을 방지하며 차선 변경까지 알아서 통제해주기 때문에, 개별 차량들은 경로나 속도 등을 신경 쓸 필요없이 원격 제어에 맡기면 된다.

세상은 빠르게 변화하고 있다. 그리고 이러한 차량의 움직임을 넘어 세상의 변화 역시 미분에 의해 움직이고 있다. 대표적인 예가 바로 우주선 제작이다.

가속도의 법칙으로 떠나는 우주여행

로켓이나 우주선이 그리는 궤적은 우주에 떠 있는 행성들과 마찬가지로 가속도의 법칙에 따른다. 물체에 작용하는 힘에 비례해서 가속도가 발생하며, 가속도를 적분하면 속도, 속도를 적분하면 이동거리를 계산할 수 있다. 대기권 내에서 날아가는 물체는 중력 외에 공기저항 등의 힘을 받는데, 초기 발사속도와 이동 중 작용하는 힘을 모두 알면 경로를 예측할 수 있다. 장거리 로켓과 같이 자체 엔진이 있으면 현재의 위치와 속도를 추적하면서 추진력을 조절하여 정확하게 목표 지점에 도달할 수 있다. 포탄과 달리 로켓의 경우 계속 연료를 소모하면서 자체 질량이 줄어들기 때문에, 뉴턴의 법칙인 힘과 가속도의 관계

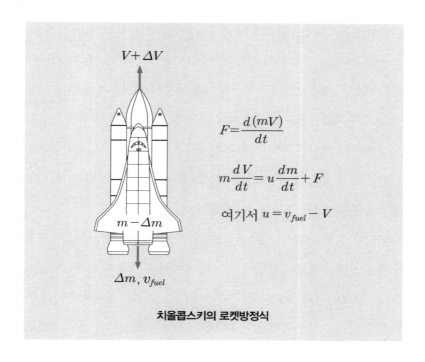

$$F = \frac{d(mV)}{dt}$$

$$m\frac{dV}{dt} = u\frac{dm}{dt} + F$$

여기서 $u = v_{fuel} - V$

치올콥스키의 로켓방정식

를 힘과 운동량 변화의 관계로 치환해서 표시한다. 이를 로켓방정식이라 한다. 러시아의 로켓 과학자인 콘스탄틴 예두아르도비치 치올콥스키Konstantin Eduardovich Tsiolkovsky가 처음으로 유도해낸 방정식이다.

그림에서 m은 로켓의 질량, $\frac{dm}{dt}$은 연료 연소에 따른 질량 감소율, V는 로켓의 속도, u는 연료의 상대 분출 속도다. 또 F는 중력과 공기항력 등 로켓에 작용하는 힘을 모두 합친 것이다. 연료 소모율과 연소가스 분출 속도를 알면 방정식이 조금 복잡하긴 해도 시간에 따른 속도 변화를 예측할 수 있고, 이를 적분하면 로켓의 위치, 즉 궤도 추적이 가능하다. 다시 말해 고전적인 뉴턴의 법칙을 사용해 행성이나 로켓에 작용하는 물리적인 힘으로부터 운동과 궤적을 기술할 수 있다.

400킬로미터 상공에서 시속 2만 8,000킬로미터의 속도로 지구를 돌고 있는 국제우주정거장에 우주선을 발사해 정확하게 도킹하는 것은 현재의 과학기술로 어렵지 않게 이루어진다. 대부분의 우주선이 발사 순간부터 매시간 속도 변화를 제어하면서 목표 지점까지 예정대로 도달한다. 로켓의 경로는 뉴턴 역학을 써서 충분히 해석할 수 있으며 여기에 양자역학적 불확정성이 개입될 여지는 거의 없다.

이러한 흐름 속에서 2021년 7월, 정부가 아닌 민간이 주도하는 우주관광 시대의 서막이 올랐다. 영국의 우주탐사 기업 버진갤럭틱Virgin Galactic이 쏘아올린 우주비행선 '유니티 22 Unity 22'가 약 4분 간의 우주여행을 마치고 무사귀환했다. 앞다투어 아마존의 창업자 제프 베이조스Jeff Bezos는 블루오리진Blue Origin을 설립한 후 버진갤럭틱보다 더 높은 고도를 오르고 무사귀환했다. 무엇보다 이 중심에는 테슬라의 최고경영자 일론 머스크Elon Musk와 그가 설립한 민간 우주탐사 기업 스페이스X Space X가 있다. 머스크는 인류의 화성이주프로젝트를 추진하고 있다. 2026년 즈음까지(시기가 계속 바뀌고 있다) 유인우주선을 화성에 보내고, 2050년에는 100만 명을 화성에 이주시키겠다는 원대한 목표다. 영화에 나오는 것처럼 오염된 지구를 떠나 화성에 이주할 수 있을 날이 머지않을 수도 있겠다.

하지만 지구에서 화성까지의 거리는 가장 가까워졌을 때조차 약 6,000만 킬로미터에 달한다. 멀기도 하거니와 서로 다른 궤도를 돌고 있는 화성까지 가려면 지구와의 상대적 운동을 고려해서 최적의 출발 시점을 잡아야 한다. 계산 결과에 따르면 태양을 중심으로 공전하고 있는 지구와 화성 사이의 거리는 약 26개월마다 가까워지는데, 이때가 화성 탐사를 노리는 사람들에게는 놓치지 말아야 할 기회다. 2020년 7월에는 미국 퍼서비어런스Perseverance를 비롯하여 중국의 티엔원天问 1호, 아랍에미리트의 아말Al-Amal 탐사선이 발사되었다. 다음은 2022년과 2024년에 화성을 향한 발사창이 열릴 예정이다.

우주선은 공전하고 있는 행성들 사이의 인터스텔라interstellar 공간을 통해서 운행하게 된다. 여기서 화성은 지구보다 외곽 궤도에 위치하기 때문에 태양의 중력을 거슬러 운행해야 한다. 태양에서 멀어지면 우주선은 점차 운동에너지를 잃게 된다. 이때 운동에너지, 즉 속도를 높일 수 있는 기발한 방법이 있다. 직접 화성 쪽으로 향하지 않고 반대 방향으로 금성을 거쳐서 화성으로 가는, 이른바 중력도움gravity assist(swingby, flyby) 비행을 하는 것이다. 중력도움이란 우주선이 금성을 향해서 낙하하며 접근하다가 진로를 바꿔 쌍곡선을 그리며 금성을 돌아 새총알처럼 튕겨져 나가는 원리다. 금성에서 볼 때는 상대적으로 접근속도와 탈출속도가 같지만, 금성이 공전하는 속도가 더해지기 때문에 탈출할 때의 절대속도는 상당히 증가하게 된다. 공짜로 금성의 중력도움을 받는 것이다. 이러한 방식은 20세기 초 러시아 과학자가 제안했고 최초로 러시아 달 탐사선 루나 3호Luna 3에 적용된 바 있다. 유인우주선의 경우 비행시간은 더 길어지지만 화성 체류시간을 줄일 수 있기 때

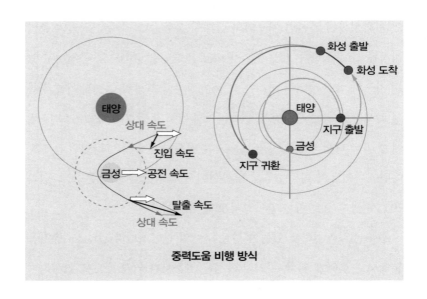

중력도움 비행 방식

문에, 탐사 비용을 낮추고 지구 귀환 시점을 1년가량 앞당길 수 있다고 한다.

중력도움을 무빙워크로 설명하면 쉽게 이해할 수 있다. 내가 무빙워크를 타고 초속 2미터의 속도로 이동하고 있을 때, 무빙워크 앞쪽에 정지해 있는 사람이 초속 3미터의 속도로 나를 향해서 공을 던지면, 그 공은 무빙워크 속도가 더해져 나에게 초속 5미터의 속도로 다가오게 된다. 내가 반사판을 들고 공의 방향을 바꾸면 같은 속도인 초속 5미터로 튕겨 나간다. 하지만 밖에 정지해 있는 사람이 볼 때는 무빙워크의 속도까지 더해져서 초속 7미터로 날아가게 된다.

미적분에 근거한 과학적 성취는 결정론적인 세계관을 갖도록 하는 데 기여했다. 모든 사건과 운동은 자연의 법칙에 따라 합리적으로 움직이며 과거와 현재 상태로부터 미래를 예측할 수 있다고 생각하게 되었다. 특히 프랑스의 천문학자 피에르 시몽 마르키스 드 라플라스Pierre Simon Marquis de Laplace는 "우주의 모든 입자의 위치와 속도를 안다면 우주의 미래를 예측할 수 있다"라고 할 정도로 결정론을 지지했다. 20세기에 양자역학이 등장하면서 미시 세계에서 결정론에 배치되는 현상이 발견되고 있지만, 뉴턴이 제시한 자연의 인과관계는 거시적인 관점에서 여전히 유효하다고 할 수 있다.

스페이스X의 성공 비결, 회전운동과 미분

스페이스X가 주목받는 또 다른 성과는 천문학적인 우주관광 비용을 절약하기 위해 로켓 추진체를 지상의 목표 지점으로 다시 착륙시켜 회수한 다음, 재사용하기 시작했다는 점이다. 1단 로켓 추진체는 전체 로켓 제작 비용의 약 60~70퍼센트를 차지한다. 이러한 추진체를 재사용할 경우, 로켓 제작에 드는 천문학적인 비용을 크게 절감할 수 있다. 지금 부유한 사람들의 취미로 전락할 수 있다는 비판을 받기도 하는 우주관광상품이 보편화되려면 반드시 완성되어야 하는 프로젝트다.

스페이스X의 로켓 추진체 재활용 계획은 그동안 많은 실패를 거듭한 끝에 현재는 놀라운 성공률을 보이고 있다. 2015년 세계 최초로 팰컨 9 Falcon 9 로켓을 발사하고 그 추진체를 회수하는 데 성공한 것을 시작으로 2020년에는 우리나라 군사위성 아나시스 2호ANASIS-II를 로 켓 팰컨 9에 실어 우주로 쏘아올렸다. 우리나라는 군사적 목적을 위 한 전용 통신위성이 생겼다는 점에서 의미가 있었고, 스페이스X는 유 인우주선 크루 드래곤Crew Dragon을 국제우주정거장으로 실어나를 때 사용된 로켓 추진체(B1058.2)를 재활용했다는 점에서 의미가 있었 다. 이후 스페이스 X는 지구관측위성, 스타링크Starlink 등을 쏘아올리 는 데 로켓 추진체를 재활용하며 2021년 5월에는 하나의 로켓 추진체 (B1051)로 열 번째 발사와 착륙에 성공하는 기록을 세웠다.

연료를 소진한 로켓 추진체가 수백 킬로미터 떨어진 착륙지점을 정 확하게 찾아가 수직으로 역추진하며 안전하게 착륙하는 것은 마치 바 늘을 던져 땅에 세우는 것만큼이나 어렵다고 할 수 있다. 착륙 순간을 완벽하게 정밀 제어해야 가능한 일이다. 바퀴가 2개인 세그웨이나 외 발 전동 휠이 정지상태에서 균형을 잡는 것은 몇 년 전만 해도 상상하 지 못했던 기술이다. 초고속 연산에 기반한 실시간 정밀 제어기술 덕 분이다. 목표 지점에 정확하게 도달하는 것은 물론, 착륙 시 조심스럽 게 수직을 유지하면서 속도, 방향, 자세 등을 완벽하게 제어해야 한다. 여기에도 가속도와 각속도를 제어하는 미분의 원리가 적용된다.

로켓에 탑재된 관성항법장치Inertial Navigation System, INS는 위성과 교 신하면서 분리된 로켓 추진체의 방향과 속도 그리고 지리적 위치 정보 를 업데이트한다. 만약 로켓 추진체가 계획된 경로에서 이탈하는 경우 로켓 엔진을 분사하여 방향과 속도를 조정한다. 분리된 이후에도 회수

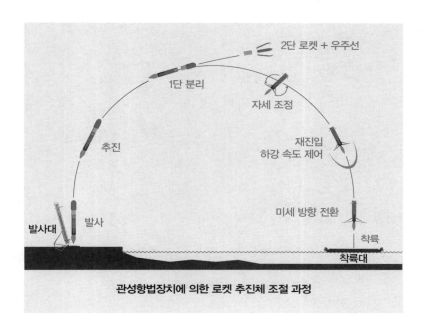

관성항법장치에 의한 로켓 추진체 조절 과정

되는 로켓 추진체를 재활용하려면 엔진에 약간의 연료가 남아 있어야 하고 재점화가 가능해야 한다.

로켓 추진체를 회수하는 과정에서 가장 흥미로운 지점은 당연하게도 마지막 착륙 순간이다. 로켓 발사 순간의 동영상을 역재생하는 것과 같이 추진체의 끝을 거꾸로 하여 착륙 지점을 향해 불을 내뿜는다. 부드럽게 땅에 닿을 수 있도록 조심스럽게 하강 속도를 제어하면서 충격을 흡수하기 위해 착륙기어를 펼친다.

착륙할 때 속도 제어보다 더 주의해야 하는 부분은 각도 제어다. 길이가 70미터에 이르는 로켓이 수직에서 조금만 벗어나도 넘어지기 때문에 미세하게 돌림힘을 조절하면서 정교하게 회전각을 조절해야 한

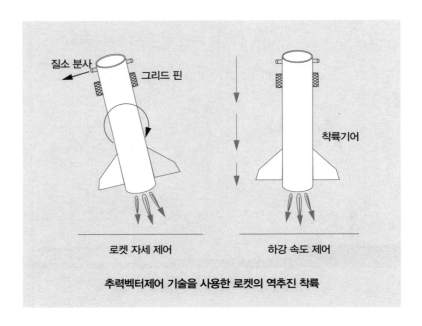

질소 분사

그리드 핀

착륙기어

로켓 자세 제어

하강 속도 제어

추력벡터제어 기술을 사용한 로켓의 역추진 착륙

다. 그동안 재착륙에 여러 차례 실패한 원인은 착륙 시 지면과 충돌하는 충격 때문이 아니라, 로켓이 착륙대와 수직을 유지하지 못했기 때문이다.

상공에서 운행할 때는 로켓의 방향 전환을 위해서 엔진 분사 각도를 조정하는 추력벡터제어thrust vectoring control 기술을 사용한다. 마지막 착륙 순간에는 미세하게 자세를 조정하기 위해서 로켓 상단에 설치된 질소 분사 장치와 그리드 핀Grid pin을 사용한다. 질소 분사 장치가 소량의 질소를 수평으로 분사하여 미세한 회전력을 만들어내면, 일종의 소형 날개인 그리드 핀이 각도를 조정해서 방향을 미세하게 조절한다. 직선운동보다 회전운동을 더 세심하게 조절해야 하는 것이다. 모두 회전운동을 미분으로 파악해야 가능한 일이다.

2021년 4월, 스페이스X가 일전에 회수한 크루 드래곤을 재활용한 유인우주선 크루-2를 발사했다. 유인 비행 부문에서 로켓과 캡슐을 모두 재활용한 최초의 사례다. 이 우주선에 탑승한 사람들은 국제우주정거장에서 200일 간의 임무를 마치고 지구로 돌아왔다. 화성이주프로젝트를 선언하며 화성 이주용 우주선 스타십 Starship 을 개발하고 있는 머스크의 꿈은 과연 이루어질 수 있을까? 이제 상상은 현실로 만들어지고 있다.

새로운 배송시대의 도래, 드론을 제어하라

코로나19 시대에 아프리카 가나 상공을 수많은 드론이 날아다녔다. 오지에 의약품과 혈액을 전달하기 위해서였다. 넓은 아프리카 대륙에 병을 앓고 있는 사람들이 산재되어 있어서 사람이 직접 전달을 하기 어려웠는데, 드론 덕분에 빠른 시간 내에 1,200만 명이 혜택을 받을 수 있었다. 드론은 이미 상업적으로도 상용화되었다. 호주 소도시를 위주로 운영하고 있는 구글의 드론 배송 업체 윙Wing은 2021년에 드론 배송 10만 건을 돌파했으며, 월마트Walmart는 각 지역의 마트를 거점으로 드론 배송을 시작하고 있다. 이제는 드론을 단순히 누군가의 취미로만 볼 수는 없는 시대다.

드론 배송을 시작한 기업마다 배달 방식이 조금씩은 다르지만, 드론의 두 가지 성능을 제어해야 하는 것은 매한가지다. 첫째는 드론의 상황인식 성능이고, 둘째는 드론의 비행 성능이다. 여기서는 가속도의 법칙과 관련이 깊은 비행 성능을 주요하게 살펴보고자 한다.

3개의 선형가속도와 3개의 회전각속도를 제어하라

드론을 비롯한 로켓이나 우주선과 같은 물체의 3차원 공간 내 움직임은 3개의 직선운동과 3개의 회전운동으로 이루어진다. 직선운동은 위치 이동과 관련되고 회전운동은 물체의 방향이나 자세와 관련된다. 공중에 자유롭게 떠 있는 물체는 총 6개의 자유도degree of freedom(어떤 물체의 상태를 최소한으로 표시하는 독립변수)를 갖는다고 한다.

직선운동 중에서 전후로 이동하는 것을 x방향, 좌우로 움직이는 것을 y방향, 그리고 위아래로 오르내리는 것을 z방향이라 한다. 직선운동에서 힘은 가속도를 만들어 가속도에 따라 속도가 변화하고, 속도 변화를 적분하면 위치를 알 수 있다. 마찬가지로 회전운동에서는 돌림힘이 각가속도를 만들고, 각가속도(회전가속도)에 따라 각속도(회전속도)가 변화하며, 각속도에 따라 회전각이 결정된다. 즉 회전각 $\vec{\theta}$의 시간당 변화율을 각속도 $\vec{\omega}$(rad/s)라 하며, 각속도 $\vec{\omega}$의 변화율을 각가속도 $\vec{a}$(rad/s²)라 한다.

$$\frac{d\vec{\theta}}{dt} = \vec{\omega} \qquad \frac{d\vec{\omega}}{dt} = \vec{a}$$

그러면 3차원 회전방향은 어떻게 나타낼까? 회전방향은 오른나사를 회전시켰을 때 진행하는 방향이다. 또는 회전방향을 따라 오른손의 네 손가락을 감았을 때 엄지손가락이 가리키는 방향이 회전방향이다.

세 회전방향에는 각각의 이름이 있다. 물체의 진행방향을 x, 좌우

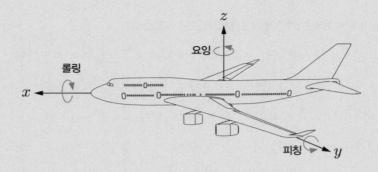

3차원 회전방향

를 y, 위아래를 z방향이라 할 때, x축을 중심으로 회전하는 것을 롤링 rolling, y축을 중심으로 회전하는 것을 피칭pitching, z축을 중심으로 회전하는 것을 요잉yawing이라 한다. 비행기를 예로 들면, 기체가 좌우로 흔들리는 것이 롤링, 이륙이나 착륙할 때처럼 앞 또는 뒤로 기우는 것이 피칭, 비행방향을 바꾸어 선회하는 것을 요잉으로 이해하면 된다. 사람 머리의 움직임으로 설명하면, x축 회전(롤링)은 갸우뚱, y축 회전(피칭)은 끄덕끄덕, 그리고 z축 회전(요잉)은 도리도리에 해당한다.

드론이 안정적으로 비행하기 위해서는 위치, 고도, 속도, 방향을 제어해야 한다. 드론에는 세 방향의 가속도를 측정하는 3축 가속도계3-axis accelerometer(가속도센서)와 각속도를 측정하는 3축 자이로센서3-axis gyroscope(자이로센서)가 탑재되어 있다. 그 밖에도 나침반 기능을 하는 자력계, 압력을 측정하여 고도를 감지하는 기압계, 위치 정보를 제공받는 GPSglobal positioning system 센서, 거리 측정 센서 등이 달려 있다.

가속도센서에는 내부에 작은 추와 스프링이 들어 있다. 센서가 가속을 받으면 추의 질량이 관성력 때문에 반대 방향으로 이동하면서 스프링을 압축한다. 그리고 스프링이 압축된 길이를 측정해서 가속도를 측정한다. 세 방향의 가속도를 측정하려면 x, y, z 방향으로 3축 가속도센서가 필요하다.

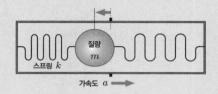

자이로센서는 팽이 모양의 회전체가 빨리 돌아야 쓰러지지 않고 똑바로 서 있는 것과 같은 원리다. 자이로센서는 회전체가 방향이 바뀔 때 발생하는 힘을 측정해서 회전각속도를 측정한다. 이 역시 세 방향의 회전각속도를 측정하려면 3축 자이로센서를 사용한다.

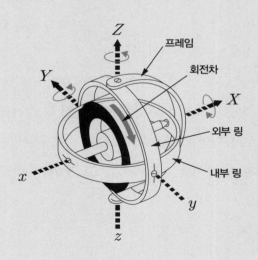

최근 소형 기기에 탑재되는 가속도센서와 자이로센서는 기계적 센서가 아닌 MEMS micro electro-mechanical system 형태로 제작되어 크기가 매우 작다. MEMS 가속도센서는 고정된 반도체 기판에 스프링을 부착하고 변위에 따른 정전용량의 변화를 측정한다. MEMS 자이로센서는 일종의 관성력인 코리올리스힘 Coriolis force 을 측정하여 전기신호로 변환하고 힘에 대한 각속도를 계산한다. 최근에는 스마트폰에도 상하좌우 동작을 감지하는 소형 자이로센서와 가속도센서가 내장되어 있어서 게임 등 애플리케이션에서 다양한 동작이나 자세를 인식할 수 있게 한다.

드론의 프로펠러를 이해해야 하는 이유

자동차 운전을 하려면 운전면허가 필요하듯이 드론을 조종하려면 초경량 비행장치(무인 멀티콥터) 조종자 자격증이 필요하다. 아무래도 드론을 제대로 운전하기 위해서는 드론의 전후좌우, 상하 움직임을 이해하고 조종 방법을 익혀야 하기 때문이다.

드론의 크기는 전장이 1.5미터 이내의 소형부터 10미터가 넘는 대형까지 다양하다. 또 프로펠러의 개수에 따라서 쿼드콥터(4개), 헥사콥터(6개), 옥토콥터(8개) 등으로 구분된다. 프로펠러가 2개나 3개인 드론도 있지만 이러한 드론들은 안정적으로 비행하기 어렵다. 따라서 대부분의 드론은 프로펠러가 4개 이상이며 그중에서도 쿼드콥터가 가장 많다. 여기서는 쿼드콥터를 기준으로 드론의 움직임을 설명하고자 한다.

　4개의 프로펠러가 만들어내는 양력이 드론 자체 중력과 평형을 이루면 공중에서 정지상태로 떠 있는 호버링hovering을 한다. 4개의 프로펠러 중 대각선 2개는 시계방향, 반대쪽 대각선 2개는 반시계방향으로 회전하여 드론 전체가 한쪽 방향으로 요축(z방향) 회전력을 받지 않도록 한다. 프로펠러 4개의 회전속도를 호버링 때보다 높이면 드론의 무

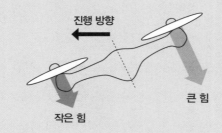

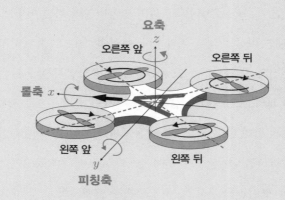

드론의 방향 조절과 이동 원리

게를 이기고 상승하고, 회전속도를 낮추면 하강한다.

드론을 이동하기 위한 수평방향 추진장치가 따로 있는 것은 아니다. 4개의 프로펠러를 기울여 원하는 방향으로 이동하도록 한다. 프로펠러 4개의 강약을 각각 조절하면서 피칭, 롤링, 요잉 등 원하는 각도로 방향을 돌려 이동 추진력을 얻는다.

먼저 드론을 앞으로 움직이려면 앞쪽 프로펠러 2개는 그대로 두고 뒤쪽 프로펠러 2개를 강하게 회전시킨다. 그러면 몸체가 앞쪽으로 기울면서(피칭) 앞으로 향하는 추진력을 얻는다. 반대로 후진할 때는 뒤쪽 2개보다 앞쪽 2개를 강하게 회전시킨다.

마찬가지 방법으로 드론을 오른쪽으로 이동시키려면, 왼쪽 프로펠러 2개를 강하게 회전시켜서 드론이 오른쪽으로 기울도록(롤링) 한다. 반대로 왼쪽으로 이동하려면 오른쪽 2개를 강하게 회전시킨다.

그렇다면 드론을 제자리에서 돌며 방향만 바꾸려면 어떻게 해야 하는가? 이때는 다른 원리를 이용한다. 예컨대 z축으로 요잉하려면 왼쪽 앞 프로펠러와 오른쪽 뒤 프로펠러를 강하게 회전시킨다. 같은 방향으로 도는 2개의 프로펠러가 강하게 회전하면 반작용으로 프로펠러가 도는 방향의 반대 방향으로 드론의 몸체가 서서히 회전한다. 반대 방향으로 요잉하려면 반대로 도는 다른 2개의 프로펠러를 강하게 회전시킨다. 이것은 헬리콥터 몸체가 비행 중에 프로펠러의 회전 때문에 반대 방향으로 회전하려는 반작용 원리를 역이용한 것이다. 헬리콥터는 이를 막기 위해 꼬리 프로펠러를 달아놓는다.

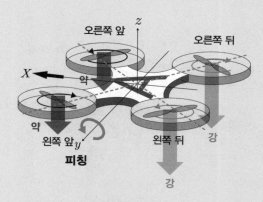

앞으로 이동

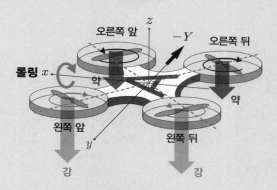

오른쪽으로 이동

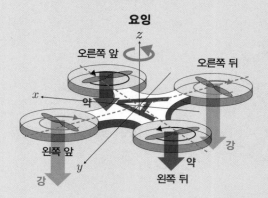

왼쪽으로 수평 회전

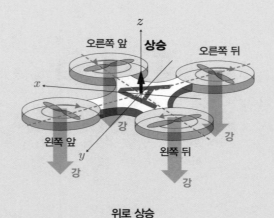

위로 상승

코로나19 시대에 들어서서 임금이 올라가자, 배달 기사들을 영입하기 위한 전쟁이 일어나고 있다. 드론은 이러한 문제를 해결하는 것을 넘어서서 유통의 패러다임을 바꿀 것이다. 배달료가 내려가고 배달속도가 현저히 빨라질 것이다. 하늘에는 교통체증이 없을 테니까. 한편으로는 드론을 완전하게 조절하는 사람들이 각광받을 것이다. 그들의 손에 의해 뉴턴의 가속도의 법칙이 지구의 하늘을 가로지르는 것을 일상에서 목격할 날이 멀지 않았다.

[Ⅱ]

자연의 곡선을
구현하기 위한 인간의 언어
기울기

여기 호텔이 하나 있다. 호텔의 이름은 힐베르트. 이 호텔은 크리스마스 연휴에도, 여름 휴가철에도 계속 예약을 할 수 있다. 인기가 없는 호텔이라서가 아니다. 언제나 만실이다. 그런데 이 호텔, 묵으려고 하는 손님이 있으면 언제나 객실을 내어준다. 빈 객실이 없는데도 말이다.

예컨대 이런 식이다. 어느 날 손님 A가 와서 묵는다고 가정하자. 이때 손님 A는 프런트에서 호텔 매니저와 다음과 같은 대화를 나눈다.

"빈 객실이 있나요?"
"빈 객실은 없습니다. 하지만 객실은 내어드릴 수 있습니다."

다음 날, 새로운 손님 B가 와서 빈 객실에 체크인을 한다. 손님 A는 체크아웃하지 않았다. 아니, 호텔 밖으로 나선 사람은 아무도 없다. 하지만 다음 날도, 또 다음 날도 손님의 발길은 끊이지 않는다. 그리고 모두 각자 배정 받은 빈 객실에 들어가 휴식을 취한다.

도대체 힐베르트호텔은 어떻게 손님을 계속 받을 수 있는 것일까?

그 답은 20세기 초 가장 위대한 수학자 중 한 사람인 다비트 힐베르트David Hilbert에게서 들을 수 있다. 이 수학자는 다음과 같이 설명한다. 만실인 힐베르트호텔에 손님이 1명 더 찾아올 경우, 호텔 지배인은 새로 온 손님에게 잠시 기다리게 하고, 투숙한 손님들에게 현재 방에서 바로 옆방으로 옮겨 달라고 양해를 구한다. 1번 방 손님은 2번 방으로, 2번 방 손님은 3번 방으로 말이다. n번 방 손님이 n+1번 방으로 옮기고 나면 1번 방이 비게 되어 새로 온 손님을 받을 수 있게 된다.

언제나 만실인 힐베르트호텔이 손님을 계속 받을 수 있는 이유는 객실이 무한인 덕분이다. 이 말장난 같은 가상의 호텔 이야기는 힐베르트가 무한의 특성을 직관적으로 설명하기 위해 고안해냈다. 무한에 1을 더해도 무한인 것은 변하지 않는다. 무한은 계속 커져 나갈 뿐 마지막이란 것이 없다. 1명이 아니라 유한한 수의 손님이 아무리 많이 오더라도 그 수만큼 옆방으로 옮기기만 하면 문제는 간단히 해결된다.

그렇다면 유한한 수가 아니라 무한한 수의 손님이 들이닥치면 어떻게 할 것인가? 이번에도 문제없다. 1번 방 손님은 2번 방으로, 2번 방 손님은 4번 방으로, n번 방 손님은 2n번 방으로, 즉 짝수 번 방으로 옮기도록 부탁하면 된다. 그러면 무한개의 홀수 번 방이 모두 빈 방이 된다. 즉 무한대infinity 더하기 무한대 역시 무한대인 것이다.

마지막으로 버스터미널에 무한한 수의 손님을 태운 버스들이 무한대로 들어오면 어떻게 할 것인가? 이 또한 무한수 곱하기 무한수의 손님에게 버스를 어떻게 배정할 것인가 하는 문제다. 이 질문에 대한 해법은 독자들의 몫으로 남겨둔다.

극한과 무한의 역사

미시의 세계로 들어가면 에너지 레벨이 단계적으로 변하고 양자의 움직임이 불연속적이다. 하지만 우리가 일상에서 경험하는 세상에서는 모든 것이 연속적으로 변화한다고 생각해도 무방하다. 시간은 쉬지 않고 흐르며 등산길은 구불구불 연속적으로 이어진다. 시간이 갑자기 멈춘다거나 가던 길이 갑자기 사라지는 일은 결코 일어나지 않는다.

　우리가 배우는 함수들도 대부분 일정 구간에서 연속함수다. 어떤 함수가 a에서 연속이라 함은 a를 중심으로 왼쪽에서 접근하건 오른쪽에서 접근하건 값은 동일하며, 그 값이 $x = a$에서 함숫값 $f(x)$와 같다는 의미다. 쉽게 얘기해서 함숫값이 끊임없이 이어진다는 뜻으로, 수학적으로 표현하면 오른쪽과 같다.

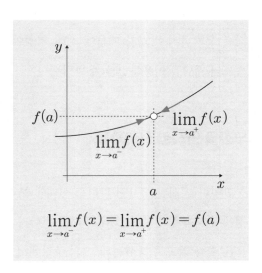

여기서 극한의 개념이 나온다. 극한이란 어느 점에 한없이 가까이 접근하는 것을 말한다. 왼쪽에서 접근하는 것을 좌극한, 오른쪽에서 접근하는 것을 우극한이라 한다. 어느 쪽에서든 그 점을 향해서 한없이 접근하되 바로 그 점에 도달하지는 않은 상태다.

극한의 개념이 자리 잡기 전에는 "날아가는 화살은 날지 않는다"라는 제논 호 엘레아Zēnōn ho Elea의 역설을 반박할 수 있는 논리가 궁색했다. 아킬레우스와 거북이가 달리기 경주를 하는데, 아킬레우스의 달리기 속도가 10배 빠르기 때문에 거북이보다 100미터 뒤에서 출발한다. 아킬레우스가 100미터 달리는 동안 거북이는 10미터 전진하고, 또 아킬레우스가 10미터 전진하면 거북이는 다시 1미터를 전진한다. 따라서 아킬레우스는 영원히 거북이를 따라잡을 수 없게 된다. 마찬가지 논리로 날아가는 화살도 과녁에 도달하기 직전까지는 과녁에 도달하지 못한다. 물체가 이동한 거리만을 고려할 뿐, 이동하는 데 소요된 시간은 고려하지 않았기 때문에 생긴 역설이다. 이는 미분에서 유도된 속도의 개념을 이용하면 쉽게 반박된다.

무한을 인식한 철학자들

무한이라는 개념은 고대 그리스 시대에 무리수의 존재를 증명하는 과정에서 처음 등장했다. 고대 그리스 철학자 피타고라스Pythagoras는 "만물은 수다"라고 주장했는데, 그의 주장에서 자연수의 조합으로 만들어지는 유리수를 의미했다. 그러나 양변의 길이가 1인 이등변삼각형의 빗변의 길이가 피타고라스 정리에 따라 1.41421…로 무한히 이어지는 것이 아닌가. 당혹스러웠던 피타고라스는 자신이 생각하고 있는 '수'로 표현할 수 없는 현실이 엄연히 존재한다는 사실을 숨기고 싶어했다.

한동안 무한에 관한 개념과 현실 사이에서 치열한 논쟁이 벌어졌다. 머릿속 개념에 사로잡혀 눈에 보이는 운동과 변화를 부정할 수 없다는 주장과 세상의 진정한 본질은 현실이 아니라 개념, 즉 이데아idea라는 주장이 맞섰다. 철학자 아리스토텔레스Aristoteles는 이를 절충하여 무한을 실무한actual infinity과 가무한potential infinity으로 구분했다. 즉 존재하는 실체로서의 현실적 무한을 실무한이라 하고, 그것을 향해서 다가가는 잠재적인 무한을 가무한이라 했다. 아리스토텔레스는 잠재적인 가

〈**아테네 학당**School of Athens〉(라파엘로)

무한만 존재할 뿐 현실적인 실무한은 존재하지 않는다고 생각했다.

철학적 논쟁에만 머물던 무한의 개념은 아르키메데스Archimedes를 만나면서 기하학에 적용되기 시작했다. 아르키메데스는 현실적으로 무한에 도달할 수는 없다 하더라도, 원에 근접하는 정다각형의 꼭짓점을 늘려나가면서 원의 면적을 구할 수 있다고 생각했다. 그에 따르면 안에서 원에 근접하는 정다각형과 밖에서 원에 근접하는 정다각형의 면적이 하나의 값으로 수렴할 때, 그 값이 바로 원의 면적인 것이다. 이를 확대해서 적용하면 포물선 등의 다양한 곡선으로 둘러싸인 면적을 구하는 방법을 개념적으로 제시하는 것이 가능했다.

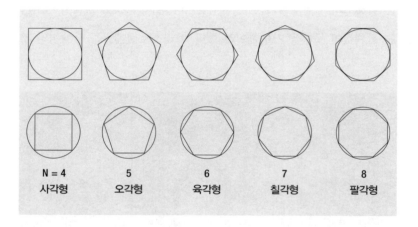

중세에 들어오면서 무한은 종교적으로 해석되었다. 아우렐리우스 아우구스티누스Aurelius Augustinus는 무한보다 더 큰 것을 생각할 수 없다는 이유로, 무한을 신의 존재로 여겼다. 완전한 신은 그를 향해서 끊임없이 나아갈 수는 있으나 바로 그 지점까지는 도달할 수 없는 극한

의 대상이기도 했다.

인도의 위대한 수학자 브라마굽타Brahmagupta는 최초로 0이라는 수를 정의했다. 그리고 영零은 아무것도 없는 무無의 상태를 의미하며 0으로 1을 나누면 무한이 된다고 했다.

$$\infty = \frac{1}{0}$$

여기서 무한은 신을, 0은 무를, 1은 세상의 존재로 생각하면 이는 아우구스티누스의 창조관과 일맥상통하는 것이다. 이 식은 분자 1 대신 세상의 어떤 수를 넣어도 성립하기 때문에, 완전한 신은 무로부터 모든 세상만사를 창조하는 것으로 해석할 수 있다.

무한은 어떻게 수학적 개념이 되었는가

근대에 들어오면서 무한의 개념을 수학이나 과학적 관점에서 바라보고자 했다. 하지만 무한의 개념이 완전히 정립되지 않은 상태였기 때문에 무한의 존재를 인정하면서도 그 본질을 명확하게 이해하지는 못했다. 프랑스의 수학자인 블레즈 파스칼Blaise Pascal만 하더라도 유한한 수를 발판으로 수학적 무한에 이를 수 있듯이, 유한한 경험을 토대로 무한한 신의 존재를 도출할 수 있다고 생각했다. 무한의 본성을 명확하게 설명하려 하기보다는 신적인 것으로 남겨두려 한 것이다.

무한의 개념이 수학적으로 정립되기 시작한 것은 19세기에 이르러서다. 러시아 태생의 독일 수학자 게오르크 칸토어Georg Cantor는 무한집합론을 써서 무한의 문제에 접근했다. 그는 정수와 실수로 이루어진 무한집합의 크기를 비교하는 '연속체 가설continuum hypothesis'을 제시했다. 칸토어의 절대적 무한과 연속체 가설은 이후 오스트리아-헝가리 제국 태생의 미국 수학자 쿠르트 괴델Kurt Gödel이 물려받아 불완전성의 정리를 증명했다.

학자들의 연구 덕분에 무한의 베일이 하나씩 벗겨지기는 했지만 이들은 개인적으로 불행한 삶을 살았다. 칸토어는 엄청난 난제에 시달리다가 조울증이 악화되어 말년에는 정신병원 신세를 지고 심장마비로 세상을 떠났다. 괴델 역시 피해망상에 시달렸고 누군가 자신을 독살할지도 모른다는 생각에 음식을 거부하다 생을 마감했다. 극한에 다가가는 것을 경계한 신의 저주인지 단순한 우연인지 모르겠다.

한계가 없는 수를 설명하는 미적분학

한없이 큰 수를 무한대라 하고 한없이 작은 수를 무한소라 한다. 아무리 큰 수를 생각해도 거기에 1을 더하면 더 큰 수가 된다. 이처럼 무한대에는 한계가 없다. 반대로 무한소는 0에 한없이 가까운 수를 말한다. 아무리 작은 수라 할지라도 그 수와 0 사이에 위치하는 더 작은 수를 생각할 수 있다. 따라서 무한소에도 한계가 없다. 물리적으로는 물질을 한없이 쪼개면 더 이상 잘게 쪼갤 수 없는 입자 상태가 된다. 하지만 개념적으로는 얼마든지 작아지면서 진정한 0에 한없이 접근할 수 있다.

무한소의 개념은 오래전 아르키메데스가 사용했고, 이후 뉴턴과 라이프니츠가 미적분학calculus으로 발전시켰다. 뉴턴은 무한소를 써서 시간에 따라 변화하는 함수의 순간변화율을 구했고, 라이프니츠는 무한소(dx)를 만들어 함수의 접선 기울기를 구하는 방법을 제시했다. 이들은 극한을 이용한 미분의 개념을 제시했지만, 무한소 자체를 수학적으로 엄밀하게 정의한 것은 아니다.

미적분의 수학적 공리 체계를 만든 사람은 프랑스의 수학자 오귀스탱 루이 코시Augustin Louis Cauchy다. 코시는 미적분의 근본은 극한이라 여기고, 극한과 연속 등의 개념을 학문적으로 확립하는 데 기여했다. 코시는 $\varepsilon - \delta$(엡실론-델타)논법을 써서 극한을 설명했다. $\varepsilon - \delta$논법이란 일종의 무한소를 정의하는 방법이다. 델타(δ)와 엡실론(ε)은 그리스 알파벳의 네 번째와 다섯 번째 문자로서 델타는 작은 변화를, 엡실론은 작은 수를 나타낼 때 종종 사용된다. 여기서 델타는 독립변수의 작은 변화인 $|x-a|$를, 엡실론은 함숫값의 작은 차이인 $|f(x)-L|$을 나타낸다. 예를 들어 잘 알려진 다음의 극한 식은 x가 a에 접근하면 함숫값 $f(x)$는 L에 한없이 접근한다는 뜻이다.

$$\lim_{x \to a} f(x) = L$$

이를 $\varepsilon - \delta$ 논법으로 나타내면 다음과 같다.

$$\forall \varepsilon > 0, \; \exists \delta > 0$$
$$(0 < |x - a| < \delta \; \Rightarrow \; |f(x) - L| < \varepsilon)$$

난해하게 보일지 모르지만 몇 가지 수학적 표현만 이해하면 그리 어려울 것도 없다. 맨 앞에 A를 거꾸로 쓴 기호 $\forall$는 '임의의', 영어로 'for any'라는 뜻이며, E를 뒤집어 놓은 기호 $\exists$는 '존재한다', 영어로 'exist'라는 뜻이다. 전체를 번역하면 '임의의 양수 ε에 대하여 양수 δ가 존재한다'는 뜻이다. 쉽게 풀이하면, $\delta = |x - a|$가 매우 작아지면 $\varepsilon = |f(x) - L|$도 매우 작아진다는 뜻이다. 즉 앞에서 설명한 바와 같이, x가 a에 접근하면 함숫값 $f(x)$는 L에 접근한다는 의미와 동일하다.

수학 전공자들은 해의 존재를 증명한다거나 참-거짓을 따지는 등 개념적이고 논리적인 접근을 즐긴다. 비전공자 입장에서는 이해하기 어려울 수도 있으나, 이러한 작업을 통해야만 정확한 수학적 개념을 정의하고 논리적 근거를 제시할 수 있게 된다.

뉴턴과 라이프니츠가 발전시킨 미적분 역시 정확한 정의나 증명 없이 오랫동안 여러 분야에서 활용되다가, 코시를 만나면서 비로소 학문적 토대를 마련하게 되었다. 이후 미적분을 이용하여 문제를 푸는 학문을 우리가 잘 아는 미적분학이라 부르고, 미적분학을 엄밀하게 증명하고 토대를 세우는 학문을 해석학analysis이라 부른다.

기울기로 이해하는 미분

연속함수 $f(x)$에서 x가 a로 접근하면 함숫값은 $f(a)$에 접근한다. 즉 $\Delta x = x - a$가 0에 접근하면 $\Delta f = f(x) - f(a)$도 0에 접근한다. 이때 Δx와 Δf 각각은 0에 접근하지만 Δf를 Δx로 나눈 값은 일정한 비율을 유지한다. 이것이 미분의 정의이며 a에서 순간변화율을 나타낸다. 그래프에서는 $x = a$에서의 접선 기울기다.

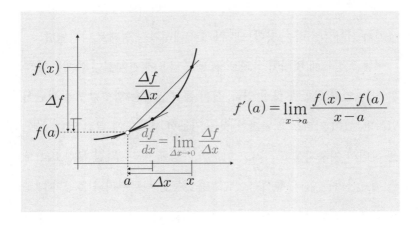

1차도함수를 한 번 더 미분하면 2차도함수가 된다. 이를 계속 미분하면 3차, 4차 도함수가 된다. 1차미분이 변화율을 의미하므로 2차미분은 변화율의 변화율이 된다. 뒷장의 그래프와 같이 이동거리를 시간으로 1차미분하면 속도가 되고, 속도를 다시 미분하면 속도의 변화율인 동시에 이동거리의 2차미분인 가속도가 된다.

그래프에서 1차미분인 속도가 양이면 오른쪽으로 올라가는 우상향

증가 곡선이 되고, 음이
면 오른쪽으로 내려가
는 우하향 감소 곡선이
된다. 2차미분인 속도의
변화율, 즉 가속도가 양
이면 1차미분인 그래프
기울기가 점점 증가하

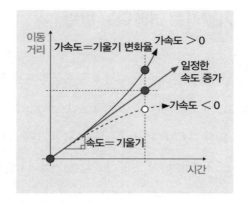

는 것이므로 위로 치고 올라가는 형태로 나타나며, 음이면 반대로 기
울기가 점차 감소하는 것이므로 아래로 내려가는 형태로 나타난다.

　이를 등산로에 빗대어 살펴보자. 높고 낮음에 관계없이 산에는 가파
른 곳이 있고 완만한 곳이 있다. 산이 높고 낮음은 함숫값 f와 관련이
있지만, 산이 가파르고 완만한 것은 미분한 값 $\dfrac{df}{dx}$에 달려 있다. 등산
을 하면서 기울기를 구하려고 미분의 개념에 따라 Δx를 무한소로 보
낼 필요까지는 없다. 현실적으로 울퉁불퉁한 나무뿌리나 돌멩이 때문
에 보폭이 좁아지기도 하므로 더 작게 나눈다고 산의 기울기를 더 정
확하게 구할 수 있는 것은 아니다. 여기서는 기울기가 곧 함수의 변화
율, 즉 미분이라는 사실 그리고 Δx가 0에 접근하면 $\dfrac{\Delta f}{\Delta x}$는 $\dfrac{df}{dx}$에 접
근하며 곡선의 접선 기울기가 된다는 사실만 알아두자.

　미분한 값은 오르막길에서 양, 내리막길에서 음이다. 그런데 같은
오르막길이라도 기울기가 작은 완만한 곳이 있고 기울기가 큰 가파른
곳이 있다. 계속 변화하는 이 기울기를 평균하면 평균 기울기가 된다.

즉 평균 기울기는 하루 등산 코스에서 정상에 도달할 때까지 올라간 고도를 전체 이동거리로 나눈 값에 해당한다.

함숫값이 음에서 양으로 또는 양에서 음으로 바뀌는 지점을 근root 이라 한다. 근에서는 함숫값이 0이 되고, 근을 중심으로 함숫값이 음과 양으로 나뉜다. 근은 음과 양, 남과 여, 흑자와 적자 등 '상태'가 나뉘는 경계다. 다음으로 1차미분인 도함숫값이 0인 지점은 함숫값이 최댓값 또는 최솟값인 극점(극대점maximum, 극소점minimum)이 된다. 극점을 경계로 함수의 기울기 부호가 바뀐다. 증가하다가(양의 기울기) 감소하면(음의 기울기) 극대점, 감소하다가(음의 기울기) 증가하면(양의 기울기) 극소점이다. 극점은 증가와 감소, 오르막과 내리막, 커짐과 작아짐과 같이 '변화의 방향'이 바뀌는 경계다.

등산로 초입에는 경사가 완만하다가 가면 갈수록 점점 가팔라지면서 깔딱고개를 만나는 경우가 있다. 이 고개만 무사히 지나가면 대개는 정상까지 가는 길의 경사가 완만해져 큰 어려움 없이 올라갈 수 있다. 깔딱고개는 2차도함숫값이 0이 되는 지점으로 기울기, 즉 1차도함숫값이 최대가 되는 지점이다. 이 점을 변곡점inflection point이라 한다. 변곡점에 다다르기 전에는 1차도함수의 기울기가 점점 커지다가 변곡점에서 최대 기울기가 된다. 변곡점을 지나면서 기울기는 차츰 완만해진다. 변곡점을 경계로 기울기가 최대(또는 최소)가 되며, 즉 기울기의 변화율인 2차도함수가 양에서 음(또는 음에서 양)으로 바뀌게 된다.

2차도함수가 양이면 위로 열린 포물선처럼 위로 오목하고concave up,

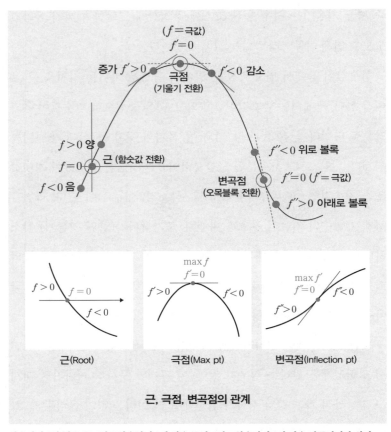

근, 극점, 변곡점의 관계

함숫값이 0인 점을 근, 1차도함숫값이 0인 점을 극점, 2차도함숫값이 0인 점을 변곡점이라 한다.

음이면 산봉우리처럼 위로 볼록하다convex up. 깔딱고개를 경계로 오목한 계곡에서 볼록한 산봉우리로 들어서게 되는 것이다. 변곡점은 2차도함숫값의 부호가 바뀌는, 즉 2차도함숫값이 0이 되는 지극히 수학적인 개념이다. 일상에서도 변곡점이란 용어가 종종 사용되는데 주로 국면이 전환되는 터닝 포인트turning point라는 의미로 쓰인다.

계속해서 미분하면 2차 이상의 고차도함수를 구할 수 있다. 3차도함수는 2차도함수의 변화율이고 4차도함수는 3차도함수의 변화율이다. 3차도함숫값이 0이 되는 지점은 2차도함수 기울기의 부호, 즉 2차도함수가 증가에서 감소 또는 감소에서 증가로 바뀌는 지점이다. 2차도함수는 곡선의 곡률과 관련이 있으므로 곡률이 증가하다가 감소하는(또는 감소하다가 증가하는), 즉 곡률이 최대(최소)가 되는 점에서 3차도함숫값이 0이 된다. 여기서 직선은 곡률이 없으므로 곡률은 0이고 곡률반경은 무한대가 된다. 참고로 곡률은 곡률반경의 역수로 정의된다. 파마한 머리로 설명하자면, 가장 작은 곱슬로 돌돌 말린 지점이 바로 곡률이 최대가 되는 점, 즉 3차도함숫값이 0이 되는 지점이다.

도시를 연결하는 곡선 기하학

철도공학에서 노선을 계획할 때는 최대한 직선으로 철로를 놓기 위해 산을 뚫어 터널을 내고, 강을 가로질러 다리를 놓는다. 직선 철로는 두 지점을 연결하는 거리를 최소화하고, 구심력으로 인한 탈선의 가능성을 줄인다. 하지만 산이나 강을 따라가거나 도심을 피해야 하는 경우에는 어쩔 수 없이 곡선 철로를 놓을 수밖에 없다.

직선과 달리 곡선은 부드럽다고 생각한다. 하지만 곡선이라 해서 모두 부드러운 것은 아니다. 곡선이 어색한 부분 없이 완벽하게 부드럽고 자연스러우려면 곡선상에서 1차, 2차 도함수는 물론 그 이상의 고차도함수가 모두 연속적이어야 한다. 수학적으로 말해서 곡선의 함수가 거듭제곱급수power series로 표현되는, 이른바 미분 가능한 해석함수analytic function여야 한다. 해석함수에는 1차부터 무한 차까지 모든 도함수가 존재하고, 이 도함수들은 연속적으로 이어진다.

함숫값 불연속   기울기 불연속   고차도함수 불연속

해석함수에는 모든 고차도함수가 존재하기 때문에, 아무리 짧은 곡선 토막일지라도 이를 연장하면 이론적으로 전체 구간에 걸친 곡선을 만들어낼 수 있다.

예전에는 흰색 제도지 위에 컴퍼스나 삼각자를 써서 직접 손으로 설계도면을 그렸다. 단순한 직선이나 원을 그릴 때는 큰 어려움이 없었지만, 일반적인 자유곡선을 그리려면 여러 가지 곡선 모양을 가진 운형자를 써야 했다. 또는 자유자재로 구부릴 수 있는 자유곡선자adjustable curve ruler, 일명 뱀자snake ruler라는 것을 썼다. 운형자나 뱀자는 설계도면을 그릴 때뿐 아니라 옷을 만들기 위해 옷감을 마름질할 때도 많이 쓰였는데, 지금은 대부분 컴퓨터로 대체되었다.

짧은 곡선 조각 안에는 태생적으로 자기 자신만의 특유한 도함수 정보가 있다. 작은 세포 안에 들어 있는 유전자 정보를 이용하면 생명체를 구성하는 모든 정보를 알아낼 수 있는 것과 마찬가지로, 원리적으로는 해석함수의 짧은 토막 한 조각만 있으면 전체 구간에서 해석함수의 변화를 완벽하게 만들어낼 수 있다. 생각해보면 이 세상에 존재하는 티끌 하나에도 우주의 모든 정보가 들어 있는 것 같다.

다시 철로 이야기로 돌아가, 곡선 철로를 놓을 때는 직선 철로와 부드럽게 이어질 수 있도록 하는 것이 중요하다. 연결 철로가 서로 어긋나지 않아야 함은 물론이고, 접선의 기울기가 일치하는 방향으로 이어져야 한다. 즉 함숫값이 연속이고 기울기가 서로 같도록 만들어야 한다.

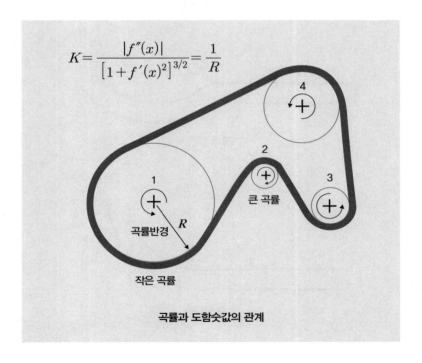

$$K = \frac{|f''(x)|}{[1 + f'(x)^2]^{3/2}} = \frac{1}{R}$$

곡률과 도함숫값의 관계

이때 부드럽게 회전하기 위해서 가능하면 곡선 구간의 곡률반경(회전반경)을 크게 만든다. 곡률은 곡선의 구부러진 정도를 말하며, 곡률반경의 역수로 표현한다. 곡률이 크다는 것은 곡률반경이 작다는 것이고 구부러진 정도가 심하다는 말이다. 직선의 경우, 곡률이 0이고 곡률

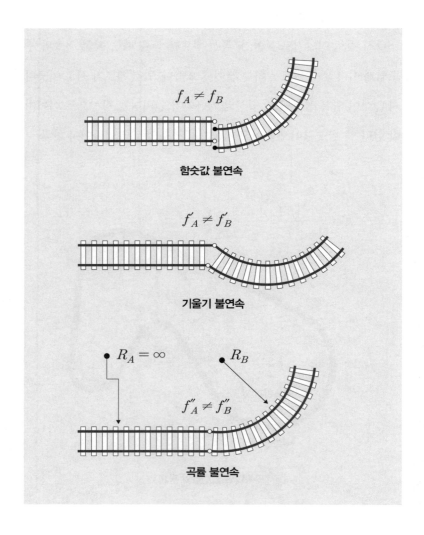

반경은 무한대가 된다. 곡률은 기울기(1차도함수)의 변화(도함수)를 의미하므로 곡선의 2차도함수와 관련이 있다.

　그러나 이것만으로는 부족하다. 직선 철로와 곡선 철로가 연속적이고 기울기가 일치하더라도, 연결 지점에서 곡률반경(R)이 갑자기 변하면 2차 또는 고차 도함숫값이 불연속일 수 있다.

　구체적인 예로 오른쪽 그래프와 같이 $Y=X^2$인 포물선과 $Y=2X-1$인 직선을 연결하면 $X=1$인 지점에서 두 곡선의 함숫값과 도함숫값이 모두 일치하기 때문에 얼핏 보기에는 잘 연결되어 있는 것으로 보인다. 하지만 양쪽의 도함수를 구해서 연결해보면 도함수의 변화율이 연결 지점($X=1$)에서 급격히 꺾이는 것을 볼 수 있다. 사실은 2차도함숫값이 연속이 아닌 것이다.

　마찬가지로 곡률이 0인 직선 철로에서 원호 구간으

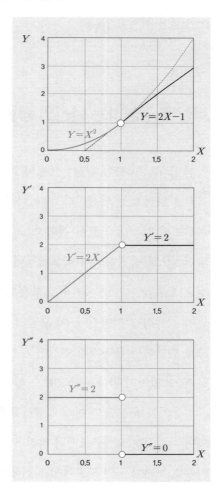

로 들어서면 철로의 접선방향은 일치하지만 곡률은 갑자기 바뀌는 꼴이 된다. 즉 2차도함숫값이 갑자기 바뀌므로 완벽하고 매끄럽게 연결되었다고 볼 수 없다. 곡률이 연속적으로 변해야 기차가 부드럽게 방향전환을 할 수 있다. 미분과 곡선은 떼려야 뗄 수 없는 관계다. 그리고 미분을 기반으로 한 곡선에 관한 탐구는 철도공학뿐만 아니라 세상 곳곳에 영향을 끼치고 있다.

세상을 구성하는 나선의 종류들

곡선 중에서 곡률이 점진적으로 변화하면서 한 점을 중심으로 감기는 곡선을 나선 또는 와선이라 한다. 나선 중에서 오일러 나선Euler spiral은 직선에서 시작해 곡률이 선형적線形的으로 변화하는 곡선이다. 곡률이 점진적으로 증가하면서(곡률반경이 점진적으로 감소하면서) 하나의 점으로 수렴한다. 또는 거꾸로 작은 원에서 시작해서 곡률반경이 커지면서 직선까지 이어진다. 이 오일러 나선처럼 커브 길 곡률이 점진적으로 변화하면 운전자가 핸들을 부드럽게 왼쪽으로 감거나 오른쪽으로 풀 수 있어서 편하게 운전할 수 있다.

자동차를 운전할 때 어떻게 핸들을 돌리는지 생각해보자. 유턴 차선이나 회전 교차로에는 2개의 직진 구간 사이에 곡선 구간이 위치한다. 이때 운전자가 직선 도로에서 직진해 오다가 곡선 구간에 들어오면 핸

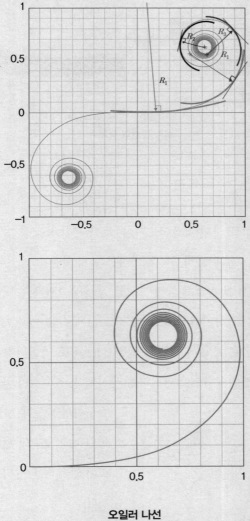

오일러 나선

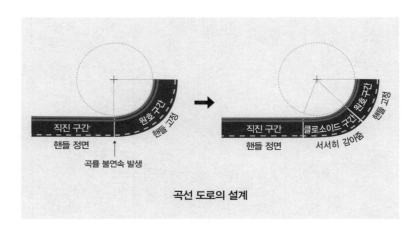

곡선 도로의 설계

들을 서서히 왼쪽으로 돌려 최대한 꺾었다가 곡선 구간을 빠져나가면서 다시 원위치로 서서히 풀어준다. 따라서 곡선 도로를 설계할 때는 곡률이 연속적으로 변화하도록 해야 부드럽게 회전할 수 있다.

도로공학에서 잘 설계된 곡선 도로는 직선 구간과 원호 구간을 직접 연결하지 않고 그 사이에 클로소이드clothoid 구간을 둔다. 클로소이드 곡선(완화곡선)은 오일러 나선의 일종으로, 최소 곡률반경을 정해놓고 직선과 원을 연속적으로 연결하는 곡선이다. 연속적인 곡률 변화를 유도하기 때문에 나들목(인터체인지)과 놀이공원의 롤러코스터 설계 등 다방면에서 활용된다.

기하학에 관심이 많던 아르키메데스도 나선을 하나 만들

롤러코스터

었다. 아르키메데스 나선Archimedes spiral은 극좌표에서 반경 좌표(r)가 각도 좌표(θ)에 선형적으로 주어지는 경우다. 즉 원점을 중심으로 회전하면서 조금씩 반경이 증가하는 곡선이다. 여기서는 곡률이 아니라 반경 좌표가 변화하는 것에 주목한다. 따라서 아르키메데스 나선은 쉽게 얘기해서 모기향처럼 나선의 간격이 일정하게 유지된다(a와 b는 상수다).

다음으로 반경이 각도 변화에 따라 일정한 비율로 증가하는 나선을 로그 나선logarithmic spiral이라 한다. 아르키메데스 나선과 달리 두 곡선 사이의 간격이 일정한 비율로 넓어진다.

로그 나선의 대표적인 예로 황금 나선golden spiral이 있다. 황금 나선은 피보나치 수열Fibonacci sequence을 기초로 한다. 피보나치 수열은 앞

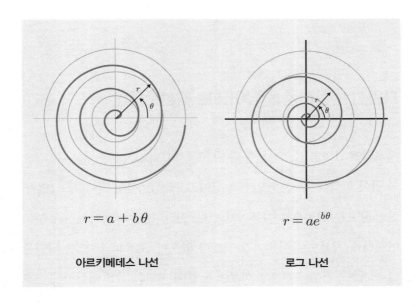

$$r = a + b\theta$$

아르키메데스 나선

$$r = ae^{b\theta}$$

로그 나선

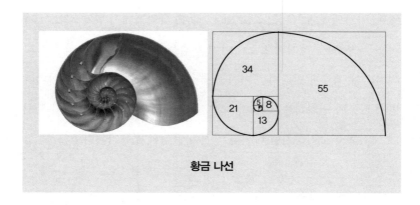

황금 나선

의 두 수를 더해서 다음 수를 정하는 수열이다. 1, 1, 2, 3, 5, 8, 13, 21, 34 … 식으로 이어지는 피보나치 수열은 나선 모양의 조개처럼 자연에서도 종종 발견된다. 실제 자연의 곡선은 이처럼 연속적으로 변화한다. 그리고 반지름이 피보나치 수열과 유사하되 연속적으로 변화하는 황금 나선은 이러한 자연의 원리를 충실하게 드러낸다.

자연의 아름다움을 담아내는 곡선 디자인

세계적인 건축가 안토니 가우디 이 코르네트Antoni Gaudí i Cornet는 다음과 같이 말했다. "직선은 인간의 선이고, 곡선은 신의 선이다." 그렇다. 자연은 모두 곡선으로 이루어져 있다. 인간의 신체 중 어떠한 부분도 어색하게 직선으로 이루어진 부분이 없으며, 조류의 알 또한 타원을 닮은 자연스러운 곡선으로 이루어져 있다. 자연의 선은 어디서나 연속적이며 부드럽게 휘어진다. 수학적으로 볼 때 자연은 2차, 3차 이상의 모든 고차도함수가 연속적인 곡선으로 이루어진 것이다.

이러한 곡선에 대한 인간의 탐구는 슈퍼 카에서 빛을 발한다. 자동차 애호가들에게 슈퍼 카는 선망의 대상이다. 슈퍼 카는 현존 기술로 구현할 수 있는 최고의 성능과 아름다운 디자인을 뽐낸다. 엄청난 가격 때문에 웬만한 재력가가 아니고서는 꿈도 꾸기 어렵지만 그 수요는 줄어들지 않고 있기 때문에, 세계 자동차 제조사들은 자존심을 걸고 최고의 슈퍼 카를 만들기 위해 경쟁한다.

이탈리아의 명차 알파로메오Alfa Romeo는 1920~1930년대 그랑프리 레이스를 휩쓸면서 가장 아름다운 자동차로 여겨졌다. 미국의 자동차 왕으로 일컬어지는 헨리 포드Henry Ford는 알파로메오에 대한 극찬을 아끼지 않았다. 길을 가다가 알파로메오가 지나가는 것을 보면 모자를 벗어 경의를 표할 정도였다. 자동차 외곽 디자인에 장식적인 부분이 거의 없고, 단순화된 곡선이 어색한 부분 없이 매끈하게 이어진다는 이유였다.

초창기 알파로메오는 그려놓은 도면에 따라서 제작하지 않았다. 현장에서 직접 망치를 들고 제작자들이 하나씩 만들어나갔다. 알루미늄판을 조각조각 망치로 두드려 원하는 곡면을 만들고 아르곤으로 용접해서 전체 곡면을 구성했다. 알파로메오는 손과 망치로 자연스런 곡선을 만들어낸 역작이다.

또 다른 슈퍼 카 모델로는 1957년에 제작된 테스타로사가 있다. 테

알파로메오 1921년형(왼쪽)과 페라리의 250 테스타로사 1957년형(오른쪽)

스타로사Testarossa는 이탈리아 시골의 가난한 목수의 아들로 태어난 세르조 스카글리에티Sergio Scaglietti의 손에서 탄생했다. 그는 그림 교육을 받은 적도 없고 더구나 디자인을 정식으로 배운 적도 없다고 한다. 스카글리에티 역시 도면 없이 오로지 눈과 손에 의존해서 테스타로사를 만들었다. 물푸레나무를 쳐서 만든 쫄대를 스팀으로 쪄 틀을 만들고 그 위에 금속 판재를 붙였다. 한군데 용접한 6밀리미터 철근을 휘어서 외곽선을 잡았다. 철근을 묶어서 휠 때 만들어지는 자연스러운 탄력 곡선은 1차도함수, 2차도함수 등 기울기와 변화율이 연속적인 형태로 이어진다. 철근을 직접 구부려 오늘날 컴퓨터 그래픽Computer Graphic, CG에서 구현하는 스플라인 곡선spline curve을 아날로그적으로 구현한 것이다. 그렇게 페라리 회사가 자랑하는 테스타로사의 아름다운 곡선이 탄생했다. 스카글리에티는 이렇게 말했다. "내가 이러한 자동차를 만들 수 있었던 것은 어려서부터 산과 들이 만들어내는 자연스러운 곡선을 보며 자랐기 때문이다."

그 밖에도 일찍이 고대 사람들은 돌이나 벽돌을 곡선형으로 쌓아 다리 양쪽의 힘을 분산시키는 자연스런 아치교를 고안했고, 조선시대 궁궐의 지붕에 해당하는 마루 역시 아름다우면서 빗물이 최대한 빨리 흘러내릴 수 있게 곡선의 형태로 만들었다. 오늘날에도 기존의 도로와 같이 직선과 원호를 끼워 맞춘 인위적인 곡선이 아니라 부드럽고 자연스럽게 연결되는 곡선 도로를 만들고자 하는 움직임이 늘어나고 있다. 인간의 곡선에 대한 탐구는 계속된다.

◆
◆

자연의 곡선을 그리는 컴퓨터 회화, CG

CG를 이용하면 자유로운 곡면으로 구성된 입체의 형상을 구현할 수 있다. 와이어프레임wire-frame이나 서피스 모델링surface modeling을 통해서 입체구조를 3차원 좌표로 나타내는 것이다. CG는 비행기, 선박, 자동차 등의 설계뿐 아니라 게임, 애니메이션 제작에 필수다. 반대로 이미 현존하는 입체구조를 스캐닝해서 형상을 디지털화하는 데에도 활용된다. 불상이나 유물 등 문화재를 원래 상태로 복원하거나 생체 물질을 사용해 인공장기를 만들기 위한 바이오프린팅Bio-printing 등에 쓰인다.

입체 형상을 디지털 정보로 구현할 때는 그 표현을 그물망 형태의 메시mesh로 나누게 되는데, 메시의 간격을 좁게 잡을수록 매끈한 곡선이 된다. 하지만 많은 점을 기록해야 하고 데이터 저장용량도 늘어난다. 또 아무리 좁게 잡아도 무한소로 잡을 수는 없는 노릇이다. 따라서 간격이 일정한 점과 점 사이의 곡선이나 곡면을 수식으로 표현할 필요가 있다.

점들을 연결하라, 스플라인 곡선

CG에서는 주어진 두 점을 매끈하게 연결하기 위해 스플라인spline 방식을 종종 쓴다. 스플라인은 두 점을 연결하는 다항식과 중간 점들을 구하는 보간법을 이용한다. 두 점을 연결하는 다항식 중 가장 간단한

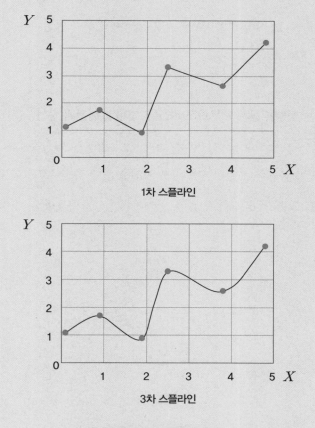

스플라인 곡선을 이용한 곡선 그리기

엑셀에서 $x - y$ 그래프를 그릴 때 스플라인 곡선을 쓴다. 1차 스플라인은 꺾은선그래프에 해당하며, 보통 스플라인이라 하면 데이터 점들을 3차다항식으로 연결한 것을 말한다.

함수식은 직선이다. 하지만 직선으로 이으면 연결점에서 기울기가 갑자기 바뀌는 꺾은선 모양이 된다. 보통 스플라인 곡선이라 하면 3차식을 말하며 이를 큐빅 스플라인cubic spline이라 한다. 연결점이 계속 이어지면 구간별로 나누어 3차 다항식을 구한다. 연결점에서 함숫값이 일치하고, 1차, 2차도함수가 연속이 되도록 계수를 결정해야 한다. 3차식만 하더라도 비록 고차미분은 연속적이지 않지만 일견 부드러워 보인다.

이동하는 점들을 통해 자유롭게 곡선을 그리다, 베지에 곡선

프랑스 자동차 르노Renault의 엔지니어였던 피에르 베지에Pierre Bézier는 자동차 몸체를 표현할 부드러운 곡선을 찾던 중 두 점을 연결하는 곡선 알고리즘을 발견하게 된다. 이 곡선을 그의 이름을 따서 베지에

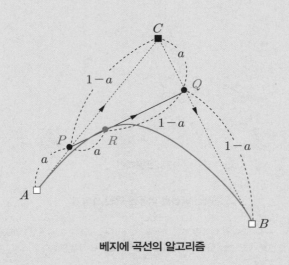

베지에 곡선의 알고리즘

곡선Bezier curve이라 한다. 베지에 곡선을 사용하기 전에는 주로 앞서 설명한 스플라인 곡선으로 점들을 연결해나갔다.

베지에 곡선은 시작점과 끝점 그리고 그 사이에 위치하는 내부 제어점의 이동에 의해 다양한 자유 곡선을 얻는 방법이다. 그림과 같이 시작점 A와 끝점 B를 연결한다고 가정하자. 점 A와 B에서 기울기방향으로 각각 연장해서 만나는 점을 C라 한다. 이때 AC 사이를 보간하는 점 P와 BC를 보간하는 Q를 구한다. 점 $P(x_P, y_P)$와 점 $Q(x_Q, y_Q)$의 좌표는 다음과 같다.

$$x_P = (1-a)x_A + ax_C \qquad x_Q = (1-a)x_B + ax_C$$
$$y_P = (1-a)y_A + ay_C \qquad y_Q = (1-a)y_B + ay_C$$

따라서 점 $R(X, Y)$의 좌표는 다음과 같이 구할 수 있다.

$$X = (1-a)x_P + ax_Q$$
$$Y = (1-a)y_P + ay_Q$$

즉 A, B 두 점의 좌표만 주어지면, 보간 비율 a를 매개변수로 하여 R의 좌표를 구할 수 있다. 이때 보간 비율 a가 0에서 1이 되는 동안 P점은 A에서 C로 이동하고 Q점은 C에서 B로 이동한다. 이렇게 만들어진 P와 Q를 연결하는 직선 PQ를 a로 다시 보간하여 점 R을 찾는다. 그러면 R은 a가 0일 때 A점에서 시작해서 a가 1이면 B점에 도달한다. 이때 R이 그리는 궤적을 베지에 곡선이라 한다.

베지에 곡선은 CAD Computer-Aided Design, 컴퓨터 모델링 등에서 사용되는 벡터그래픽vector graphic에 널리 쓰인다. 베지에 곡선은 포토샵에서 지원하는 펜툴이나 파워포인트에서 사용하는 자유 곡선을 그리는 원리기도 하다. 사용해 본 사람은 알겠지만 파워포인트에서 자유 곡선을 그릴 때 점 편집에 들어가 보면 고정점은 속이 빈 사각형으로, 접선은 속이 찬 사각형으로 표현되며 고정점의 기울기에 따라서 곡선이 자유자재로 바뀐다. 그밖에 게임이나 애니메이션에서 3차원 곡면이나 물체의 궤적을 그릴 때도 쓰이며, 문서 작성에 사용되는 폰트 설계에도 사용된다. 트루타입 폰트에는 2차 베지에 곡선, 포스트스크립트 폰트에는 3차 베지에 곡선을 쓰는 것으로 알려져 있다. 미분이 없었더라면 CG로 자연의 곡선을 담아내지 못했을 것이다.

인공지능이
빅데이터를 학습하는 방법

최적화

세상일 중에는 클수록 좋거나 작을수록 좋은 것도 있지만, 크지도 작지도 않은 적당한 것이 좋을 때가 많다. 예컨대 너무 크면 들고 다니기 어렵고 너무 작으면 화면 글씨가 잘 안 보인다. 스마트폰 얘기다. 특히 공학 문제 중에는 기술적으로나 물리적으로 모순이 되는 것이 많다. 건물 내 에너지 손실을 줄이려면 단열재를 두껍게 설치해야 하는데, 그러려면 설치비가 많이 든다. 최소의 비용으로 에너지를 최대한 절약하려면 단열재는 어느 정도의 두께로 설치해야 하는가? 또는 전투기의 추진력을 높이려면 마력이 큰 엔진을 장착하는 것이 좋지만 무게가 증가하면 오히려 역효과가 날 수도 있다. 그렇다면 전투기의 엔진 무게는 어느 정도가 적당한가?

이 밖에도 물건을 싸게 팔자니 남는 게 없고 비싸게 팔자니 사는 사람이 없다. 많은 일이 이러지도 못하고 저러지도 못하는 일종의 모순적인 상황에 있다. 하지만 누군가는 이러한 상황을 해결해야 한다. 실제로 아마존은 동일 상품을 경쟁사 가격과 실시간으로 비교해 최적화된 가격을 제시함으로써 고객의 구매를 유도한 결과 이익을 극대화했다.

아마존처럼 새로운 발상이나 발명으로 근본적인 해결책을 마련하기 전에 여러 가지 선택지 중에서 한 가지를 선택해야 할 경우, 최적의 선택은 어떤 것인지 수학 공식을 이용해 알아내는 것을 최적화optimization라고 한다. 주로 제조, 물류, 교통, 마케팅 등 수학적으로 표현이 가능하고 최적의 해결책이 필요한 분야에서 가장 적합한 타협점을 찾는 데 사용한다.

현실적인 타협점을 구하라

최적화는 결국 함수의 극댓값 또는 극솟값을 구하는 문제다. 최적화의 대상이 되는 함수를 목적함수objective function라 하는데, 앞서 얘기한 단열재의 경우 총비용이라는 목적함수가 최소가 될 단열재 두께(x)를 구하는 문제다. 마찬가지로 전투기 문제에서는 추진력이 목적함수가 된다. 목적함수에서 낮춰야 하는 비용이나 시간을 구해야 한다면 극솟값 문제이고, 높여야 하는 이윤이나 성능을 구해야 한다면 극댓값 문제다. 극솟값을 구하거나 극댓값을 구하는 것은 모두 수학적으로 동일한 최적화 문제다.

만일 총비용이 우리가 아는 함수로 주어진다면 두말하지 않고 그 함수를 미분해서 미분값이 0이 되는 지점을 찾으면 된다. 간단한 예로 길이가 L인 실을 이용하여 직사각형을 만드는 문제를 생각해보자. 가로 길이를 길게 하면 세로 길이가 줄어든다. 전체 면적이 가장 넓어지는

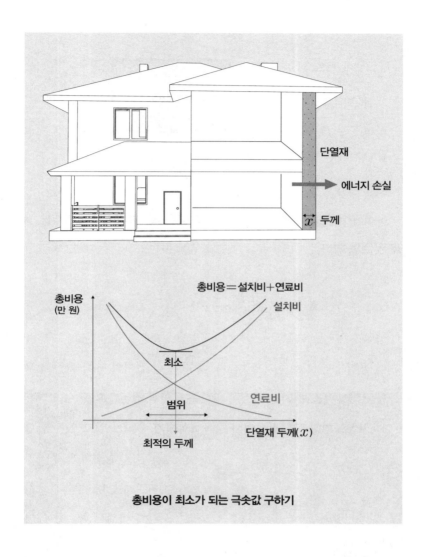

총비용＝설치비＋연료비

설치비

총비용
(만 원)

최소

범위

연료비

단열재 두께(x)

최적의 두께

총비용이 최소가 되는 극솟값 구하기

가로와 세로 길이를 결정하는 문제다. 가로와 세로를 더한 길이가 전체 실 길이의 절반인 $\dfrac{L}{2}$이므로, 가로의 길이를 x라 하면 세로의 길이는 $(\dfrac{L}{2}-x)$가 된다. 따라서 면적 A는 뒷장의 그림과 같다.

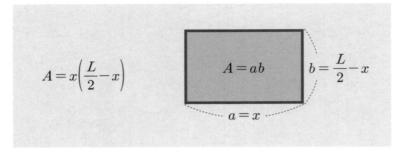

$$A = x\left(\frac{L}{2} - x\right)$$

$$A = ab \qquad b = \frac{L}{2} - x$$

$$a = x$$

목적함수인 면적 A를 극대화하려면 A를 x로 미분해서 0이 되는 x를 찾으면 된다.

$$\frac{dA}{dx} = \frac{d}{dx}\left(\frac{L}{2}x - x^2\right) = \frac{L}{2} - 2x = 0$$

이 공식에서 $x = \dfrac{L}{4}$가 된다. 즉 한 변이 실 길이의 $\dfrac{1}{4}$이 되는 정사각형을 만들었을 때 가장 면적이 넓다는 당연한 결론을 얻을 수 있다.

하지만 불행하게도 현실에서는 목적함수가 우리가 알고 있는 함수

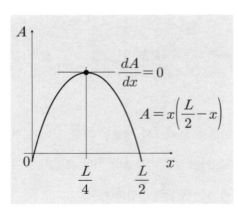

꼴로 친절하게 주어지지 않는다. 주어진 x값에 대해서 함숫값 데이터를 구할 수는 있을지언정 수학적인 함수식으로 주어지는 경우는 거의 없다. 따라서 앞

으로 함수라 하면 1차함수, 2차함수, 지수함수, 사인함수 등 특정한 함수 또는 이들의 조합으로 이루어진 수식을 떠올리지 말고, 형태는 모르지만 어떤 값을 입력하면 어떤 결과를 만들어내는 일종의 마법 상자로 이해하는 것이 좋겠다. 실제로 우리가 계산기나 컴퓨터의 도움 없이 함숫값을 계산할 방법은 없기 때문이다. 컴퓨터에는 자체 라이브러리가 있어서 함수 이름만 알면 호출해서 값을 구할 수 있다. 우리가 잘 알고 있다고 생각하는 사인함수나 로그함수라 하더라도, $\sin(38)$이나 $\log(55)$ 등의 실제 값을 알고 있는 사람은 아무도 없다. 함숫값을 구하기 위해서는 어차피 계산기를 두드려야 한다.

극값을 찾는 가장 원시적인 방법은 아무 x값이나 여럿 넣어보면서 가장 큰 결괏값(또는 작은 결괏값)을 찾는 것이다. 시간이 무한정 있으면 계산을 반복하면서 원하는 결과가 나올 때까지 계속하면 된다. 하지만 별로 효율적인 방법은 아니다. 그러니 아무 x값이나 무작위로 넣기보다는 효율적인 전략을 세워야 한다. 먼저 x값을 전 구간에 걸쳐서 조금씩 증가시키는 순차적 증가 방법이 있고, 구간을 황금분할하면서 찾아가는 방법도 있다. 하지만 우리는 좀 더 영리한 방법을 써보자. 변화량, 그러니까 뉴턴의 미분을 이용하는 것이다.

또 뉴턴인가 할 정도로 뉴턴은 여러 곳에서 등장한다. 뉴턴은 관성과 만유인력에 관한 업적뿐 아니라 광학, 유체 유동, 연금술, 수치해석numerical analysis 등 여러 과학기술 분야에서 엄청난 업적을 남겼다. 그뿐인가. 잘 알려지지 않았지만 뉴턴은 말년에 영국 왕립조폐국에서 근무하는 동안 화폐 금융 분야에도 많은 업적을 남겼다. 화폐 위조를 방지하기 위해 주화 둘레에 톱니바퀴 모양을 넣은 것이 그의 생각이었다. 지금도 런던에 있는 왕립조폐국 건물에 가면 뉴턴을 기리는 글을 발견할 수 있다.

뉴턴의 미분은 원래 근을 구하는 수치해석 방법이다. 근 구하기란 함숫값 f가 0이 되는 점을 찾는 일이고, 극점 구하기란 도함숫값 f'가 0이 되는 점을 찾는 일이다. 즉 이 함수의 근을 구하는 뉴턴의 방법을 도함수의 근을 구하는 과정에 응용하는 것이다. 함수 그래프에 빗대어

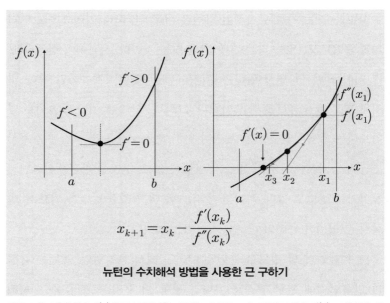

뉴턴의 수치해석 방법을 사용한 근 구하기

왼쪽 그래프에서 함수 $f(x)$의 극소점을 찾는 문제는 오른쪽 그래프처럼 도함수 $f'(x)=0$의 근을 구하는 문제에 해당한다. x_1에서 시작해서 곡선의 접선을 연장하여 x축과 만나는 점 x_2를 구하고 x_2에서 다시 접선을 연장해서 x_3를 구하는 작업을 계속하면 빠르게 $f'(x)$가 x축과 만나는 점을 찾을 수 있다.

설명하자면 접선방향으로 연장하면서 극값에 점차 가까이 다가가는 방법이라고 할 수 있겠다. 앞쪽 그래프와 수식으로 설명을 대신한다.

극값을 구하는 문제 중에 유명한 것이 있다. 비가 올 때 우산 없이 비를 가장 덜 맞고 목적지에 도달하는 방법을 구하는 빗속 달리기running in the rain 문제다. 천천히 걸어가는 것이 좋은지, 뛰어서 빨리 가는 것이 좋은지 아니면 중간에 비를 가장 적게 맞을 수 있는 최적의 속도가 있는지 누구나 한번쯤 궁금해했을 문제다. 천천히 걸어가면 머리 위 좁은 면적에만 비를 맞지만 도달하는 데 시간이 오래 걸리고, 뛰어가면 비를 맞는 시간은 줄일 수 있지만 몸 앞쪽으로 들이치는 비를 맞고 가야 한다.

이동속도에 따라서 목적함수인 '비 맞는 양'을 최소화하는 조건을 찾기 위해 믿거나 말거나 그동안 많은 과학자가 여러 가지 연구를 해

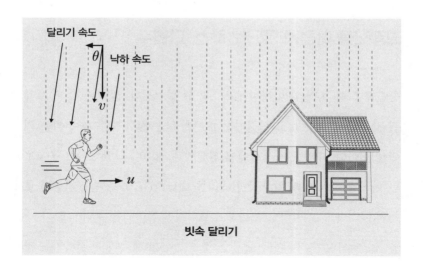

빗속 달리기

왔다. 사람이 휩쓸고 간 공간의 체적을 해석한 연구, 빗방울 개별 입자의 움직임을 분석한 연구, 바람의 속도 등 변수들의 영향을 고찰한 연구, 실제 인공 비를 만들어 비를 맞은 옷의 무게를 측정한 실험 연구 등 꽤 많다. 그만큼 세상에는 한가한 사람이 많고, 특히 수학과 관련하여 재미있는 연구에 목말라하는 사람이 많다는 뜻이다.

사실 바람이 부는 속도나 방향, 비가 내리는 양과 낙하 속도, 사람이 뛰는 자세와 체형 등 여러 변수에 따라서 해석 방법과 결과가 달라진다. 일반적으로는 빨리 뛰어가는 게 유리한 것으로 나타났다. 그런데 뛰는 속도가 어느 이상 되면 속도의 영향은 점점 줄어든다. 또 뒷바람이 부는 경우에는 바람 속도와 달리기 속도가 같을수록 비를 덜 맞는 것으로 나타났다.

최적화를 어렵게 만드는 조건, 다변수

등산을 하다 보면 빨리 정상에 올라가고 싶어진다. 출발한 지 꽤 오래된 것 같은데 힘은 들고 꼭대기는 보이지 않는 경험 모두 한 번씩은 해봤을 것이다. 내려오는 사람에게 정상까지 얼마나 남았느냐고 물어보면 한결같이 거의 다 왔으니 힘내라는 대답만 듣기 일쑤다. 정상이 보이지 않더라도 그 방향으로 계속 오르막길을 올라가는 수밖에 없다.

현실에서 함수의 극대점을 찾는 것은 등산할 때 정상을 찾아가는 과정과 같다. 경사를 따라 오르다가 기울기가 0이 되는 지점을 찾으면 된다. 하지만 함수의 극점을 찾는 것과 다른 점이 있다. 바로 변수가 하나가 아니고 동서 방향(x), 남북 방향(y) 2개라는 사실이다. 변수가 하나면 이쪽 아니면 저쪽으로 가면 된다. 하지만 동서남북이 있으면 어느 방향으로 가느냐가 중요하다. 또 어느 한 점에서는 기울기가 하나가 아니라 방향에 따라 달라진다. 따라서 변수가 하나일 때는 기울기를 스칼라양scalar quartity으로 이해했는데, 변수가 둘이면 2개, 여러 개면 여러 개의 성분을 갖는 벡터로 이해해야 한다. 이것을 기울기 벡터라 한다.

산의 고도 F는 동쪽 방향 x좌표와 북쪽 방향 y 좌표로 결정된다. 이럴 때 'F(x, y)'라고 쓰고 F는 x와 y의 함수라고 말한다. 우리가 사용하는 지도는 x, y 좌표 평면에 산의 고도를 3차원으로 표현하지 못하기 때문에 등고선으로 표시한 것이다. 함수 꼴은 모르지만 지도에서 좌표만 알면 바로 고도를 알 수 있다. 또 어느 지점이든 등고선 간격을 보고 기울기도 대충 알 수 있다. 등고선 간격이 넓으면 완만한 곳이고 촘촘하면 경사가 급한 곳이다.

어느 한 지점에서의 기울기가 방향에 따라 다른 것은 산비탈에 서서 한 바퀴 돌아보면 발바닥으로 느낄 수 있다. 동쪽(x)으로 갈 때의 기울기 $\dfrac{\partial F}{\partial x}$와 북쪽($y$)으로 갈 때의 기울기 $\dfrac{\partial F}{\partial y}$는 전혀 다르고 서로 관련이 없다. 하지만 산 정상에 도착하면 동서 방향이나 남북 방향, 어느 방향이나 모두 기울기는 0이 되고 편평해진다.

변수가 여럿일 때 극대점이나 극소점에서 각 방향 기울기, 즉 1차도

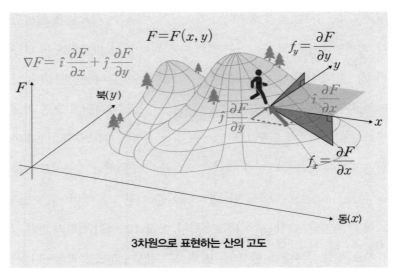

3차원으로 표현하는 산의 고도

북(y)

동(x)

벡터 미적분학에서는 델(∇)이라는 벡터 미분 연산자를 사용한다. 2차원 문제에서 델 연산자는 $\nabla = \hat{i}\,\frac{\partial}{\partial x} + \hat{j}\,\frac{\partial}{\partial y}$로 정의된다. $\frac{d}{dx}$는 스칼라 미분 연산자로서 F라는 함수에 취하면 $\frac{dF}{dx}$라는 기울기 스칼라가 된다. 마찬가지로 델을 어떤 함수 F에 취하면 그래디언트 F라는 기울기 벡터가 된다. 이는 x방향 기울기를 x성분으로 하고 y방향 기울기를 y성분으로 하는 기울기 벡터다.

함숫값은 모두 0이 된다. 2차도함수는 극대점에서 기울기가 모두 음이기 때문에 위로 불룩한 산봉우리 형태가 되고, 극소점에서는 모두 양이기 때문에 위로 오목한 분지 형태가 된다. 극소점이나 극대점을 찾아가는 구체적인 방법에 관해서는 뒤에서 다시 다루기로 한다.

하지만 이때 특이한 상태가 나타나기도 한다. 양방향의 기울기가 모두 0인데도 극대점이나 극소점이 아닌 경우가 있다. 공교롭게도 한쪽으로는 최대가 되고 다른 쪽으로는 최소가 되는 경우다. 이러한 점을 안장점saddle point이라 하는데, 마치 말의 안장처럼 생겼다고 해서 붙여진 이름이다. 수학적으로는 이를 쌍곡포물면hyperbolic paraboloid이라고

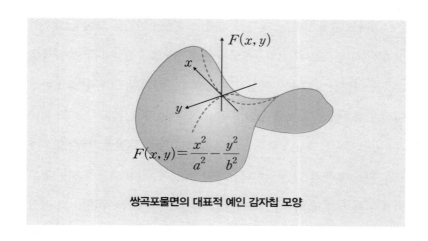

$$F(x, y) = \frac{x^2}{a^2} - \frac{y^2}{b^2}$$

쌍곡포물면의 대표적 예인 감자칩 모양

한다. 프링글스라는 유명한 감자칩의 모양이 대표적인 예다.

안장점은 양쪽 방향으로 기울기가 모두 0이지만, 한쪽으로는 최대인데 다른 방향으로는 최소가 되는 특성을 갖기 때문에 극대점이나 극소점을 찾는 최적화 과정을 어렵게 만들 수 있다.

아마존과 인공지능의 연결고리, 최적화

새로운 목소리가 계속 발명되는 시대다. 손안의 스마트폰에는 시리Siri, 빅스비Bixby 등 제조회사별로 대표되는 음성인식 소프트웨어들이 있다. 모두 날씨를 알려주거나 전화를 거는 등의 간단한 기능을 수행할 뿐만 아니라 사용자의 사소한 질문에도 인간처럼 자연스럽게 응대한다. 이러한 인공지능Artificial Intelligence, AI 비서들은 스마트폰을 넘어서

TV, 스마트 교육기기 등 생활 곳곳에 녹아들어 인간의 생활을 보조하고 있다. 한편으로 네이버나 구글에서는 세상의 수많은 외국어 음성을 자동으로 인식해 그 자리에서 번역해주기도 하는데, 그 완성도가 여행이나 일상 대화를 하기에 무리가 없을 정도다.

이는 몇 년 전까지만 해도 상상도 못하던 일이다. 발음, 억양, 말투가 모두 다른데 용케 말을 알아듣는다니. 예컨대 내가 '사과를 먹는다'고 작게 말하든 크게 말하든, 아니면 억양이 같든 다르든 우리의 AI 비서들은 [사과]라는 음절을 용케도 알아들을 뿐 아니라 사과$_{apple}$라는 의미까지 알아차린다. 이렇게 AI는 점점 똑똑해지면서 잘못 알아듣는 실수가 줄어들고 있다. 바로 최적화 알고리즘과 미분 덕분이다.

최적화 기법은 전통적인 공학 분야에서 최적 설계를 위한 방법으로 널리 활용되어왔다. 그리고 이제는 빅데이터를 대상으로 인식, 비교, 분류, 탐색, 추론 등 복잡한 AI를 학습시키는 핵심기술로 널리 쓰이고 있다. 기계를 학습시킨다고 해서 기계학습 또는 머신러닝$_{machine\ learning}$이라고 하는데, 이는 다름 아닌 주어진 데이터를 가장 잘 대표하는 최적화된 학습 모델 설계를 의미한다. 손 글씨를 보고 문자로 인식하고, 얼굴 사진을 보고 누군지 판별하고, 언어를 자동으로 감지하는 기능 등이 그 예다.

학습이란 원래 사람이나 동물이 직간접적인 경험이나 훈련을 통해서 스스로 지각하고 인지하면서 자신의 행동이나 인식을 변화시키는 과정이다. 인류는 동물과 마찬가지로 선천적인 본능과 후천적인 학습의 결과로, 자신의 위험을 최소화하고 보상을 최대화함으로써 생명 보존의 가능성을 높여왔다. 강아지가 적절한 보상을 받으면 훈련을 잘 따라오듯이, 사람도 타인과의 관계에서 도움을 주고받은 것을 기억하면서 그 사람에 대한 인식을 결정한다. 모두 학습을 통해서 자신에게 주어지는 단기 또는 장기 이익을 극대화하거나 손실을 극소화하고 있는 것이다.

기계학습은 손실을 최소화하는 방향으로 이루어진다. 여기서 손실이라 함은 학습의 결과로 나타난 인식의 오류 또는 현실과의 오차 등을 말한다. 기계학습을 이용해서 스팸메일을 판별하는 단순한 분류 모델을 생각해보자. 전체 판별 메일 중에서 스팸메일을 걸러내지 못하거나 정상 메일을 스팸메일로 잘못 분류하는 것이 오류 또는 일종의 손실이라 할 수 있다.

전통적인 프로그래밍을 이용한 모델링 작업은 사용자가 컴퓨터에 데이터와 규칙을 입력하고 주어진 규칙에 따라 결과를 예측하는 방식으로 이뤄진다. 입력과 출력 또는 원인과 결과 사이의 물리적인 인과 관계를 프로그램으로 만들고 여기에 데이터를 입력하면 결과를 얻는 구조다. 이 과정에서 현상을 잘 이해하고 관련된 물리법칙을 프로그램에 올바르게 구현해야 정확한 결과를 얻을 수 있다. 결과가 실제 값과 차이가 생기면 각종 계수를 조정하거나 좀 더 복잡한 모델을 만들어 보정한다. 반면 기계학습은 거꾸로 데이터와 결괏값을 넣고 규칙을 도출한다. 원인과 결과 사이의 관계를 입력시키지 않을 뿐더러 학습이

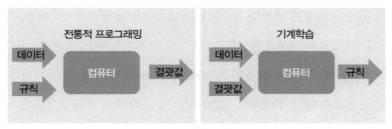

전통적 프로그래밍과 기계학습의 차이점

끝난 이후에도 왜 그런 결과가 나왔는지 인과관계를 알 수가 없다. 그래서 기계학습이 만들어내는 규칙은 블랙박스와 같다고 한다.

아무리 규칙을 알 수 없는 블랙박스라 하더라도 학습 모델에 들어갈 매개변수parameter를 결정하는 것이 중요하다. 메일에 특정 단어가 들어 있는지, 등장 빈도나 비중은 어떻게 되는지 등을 분석하여 모델에 들어 갈 초기 매개변수를 설정한다. 학습 모델의 형태는 비슷하더라도 매개변수에 따라서 판별의 정확도가 달라져 스팸메일을 거르지 못할 수도 있고, 반대로 정상 메일을 스팸메일로 잘못 분류할 수도 있다. 그래서 정확도를 높이기 위해 스팸메일을 1, 정상 메일을 0이라 하여 주어진 스팸메일과 정상 메일 샘플들을 이용해 지속적으로 모델을 학습시켜서 최대한 오류가 발생하지 않도록 매개변수를 조정해나간다.

AI가 예측한 결과와 실제 결과 사이의 오차를 손실함수loss function(비용함수cost function)라 하는데, 기계학습이란 결국 손실함수를 최소화하는 작업이다. 손실함수를 목적함수로 하는 극솟값 문제인 것이다.

아주 간단한 기계학습의 예로, 아파트 가격처럼 정량적인 결과를 추정하는 문제를 생각할 수 있다. 쉽게 생각해서 어느 지역의 아파트 가격은 면적에 따라 결정된다고 가정해보자. 물론 아파트 가격은 면적뿐 아니라 건축 연도나 지역 등 여러 요소에 따라서 달라지기 때문에 면적만으로 추정하는 데에는 한계가 있다. 그럼에도 주어진 부동산 데이터를 그래프에 뿌려보면 아파트 가격-면적에 관한 산포도scatter diagram를 구할 수 있다. 데이터는 들쭉날쭉해도 대체적으로 면적이 클수록 가격이 올라간다. 이를 회귀분석regression analysis이라 하며, 데이터 점들을 가장 잘 대표하는 직선을 추세선trend line이라 한다. 전통적 통계 분석에서 흔히 쓰는 방법이다.

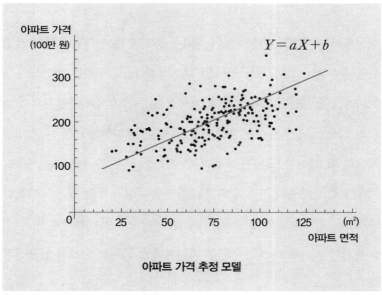

아파트 가격 추정 모델

이 그래프는 아파트 면적을 유일한 매개변수로 설정했지만, 건축 연도나 지역 등을 추가 변수로 설정하면 다변수 회귀분석이 된다.

추세선은 산포도에 뿌려져 있는 데이터와 오차가 최소가 되는 직선이다. 추세선이 데이터 점을 모두 만족시키는 것은 아니지만 산포도의 중앙을 통과하면서 전체적으로 데이터를 가장 잘 대표한다. 이렇게 만들어진 추세선이 곧 아파트 가격 추정 모델이다. AI 모델을 학습시킨다는 얘기는 결국 여러 아파트 시세 데이터를 이용하여, 추세선에 들어 있는 직선의 기울기와 절편이라는 매개변수의 오차가 통계적으로 최소가 되도록 결정하는 과정을 학습시킨다는 말로 이해할 수 있다.

복잡한 현실을 반영한 모델, 인공신경망

현실에서는 매개변수가 여럿인 다변수 문제가 대다수다. 또한 추세선처럼 출력값과 입력값에 가산성加算性과 비례성比例性이 있는 선형적 문제보다 비선형적인 문제가 흔하다. 선형일 때는 기울기와 절편, 2개의 계수만 있으면 되지만, 비선형일 때는 고차항에 대한 계수 등 여러 개의 계수가 필요하다. 또 다변수 문제의 경우에는 각 변수에 대한 계수들이 필요하기 때문에 결정해야 할 매개변수가 상당히 많아진다. 이러한 문제들로 기계학습 알고리즘을 만들 경우 학습 모델이 복잡해진다.

복잡한 비선형 다변수 문제를 최적화하기 위해서 오래전 인공신경망Artificial Neural Network, ANN 모델이 개발되었다. 인공신경망이란 생물학적 신경망에서 영감을 얻은 통계학적 학습 알고리즘이다. 실제 신경망은 신경세포와 이를 연결하는 시냅스로 구성되어 있다. 신호가 하나의 신경세포에서 시냅스를 통해 다음 신경세포로 전달되면서 신호값이 변형되고 다른 시냅스를 통해서 들어온 신호값과 조합된다.

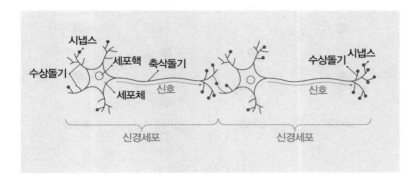

신경계의 신경세포는 인공신경망에서 노드node로 표현되며, 노드와 노드를 연결하는 시냅스는 전달함수transfer function로 구현된다. 가중치weight는 신경세포들 사이 신호의 연결 강도다. 신호가 증폭된다는 것은 수학적으로 가중치가 곱셈이 된다는 얘기이고, 두 신호가 합성된다는 것은 덧셈이 된다는 얘기다. 선형적인 사칙연산뿐 아니라 다양한 비선형 전달함수에 따라 신호값들이 다음 노드로 전해지면서 조합되고 변형된다. 최종 추정 결과는 0(정상 메일)과 1(스팸메일)로 분류하거나 아파트 가격 등의 결괏값으로 출력된다.

결국 인공신경망을 학습시킨다는 것은 전달함수의 가중치를 조정한다는 말이다. 스팸메일인지 아닌지 알고 있는 샘플 데이터들을 넣고 손실함수가 최소가 되는 매개변수를 결정하는 것이다. 이처럼 정상 메

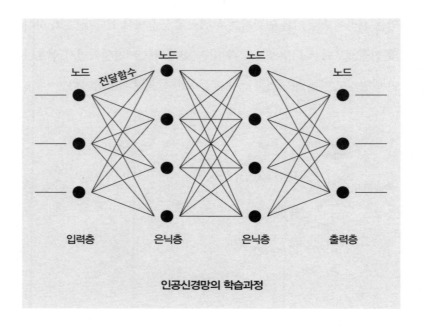

인공신경망의 학습과정

일과 스팸메일, 아파트 면적과 가격 등의 주어진 학습 데이터를 이용하여 인공신경망을 학습시키는 것을 지도학습supervised learning이라 한다. 마치 정답을 알고 있는 선생님이 옆에 앉아서 맞는지 틀리는지 지도해주는 것과 같다. 수천수만 개의 데이터를 가지고 정답을 맞힐 수 있도록 지도받다 보면 나름대로 정답을 맞히는 요령이 생긴다. 앞에서 예를 든 스팸메일 분류 문제나 회귀분석 문제와 같은 것들이 지도학습의 예다.

그런가 하면 정답을 가르쳐주지 않는 비지도학습unsupervised learning도 있다. 일종의 자율학습인데, 선생님 없이 자기가 알아서 학습하는 것이다. 혼자 공부하면서 스스로 정답을 알아내야 한다. 정답을 가르쳐주지 않더라도 주어진 데이터에서 규칙이나 특징을 찾아낼 수 있는 경우가 있다. 예를 들어 여러 도형 사진 중에서 구성이나 특징을 알아보고 몇 개의 군집으로 분류(군집화clustering)하거나 주목할 만한 연관 규칙association rule 등을 발견해내는 것이다.

다음 그림의 첫 번째 줄에서 나머지 2개와 다른 것을 고르라 하면 누가 가르쳐주지 않아도 색이 다른 1을 쉽게 고른다. 하지만 두 번째 줄의 그림에서 3개의 도형 중 다른 것을 고르라고 하면 얘기는 달라진다. 색이 다른 것, 모양이 다른 것, 윤곽선이 다른 것 등 기준에 따라서 선택이 달라지기 때문이다.

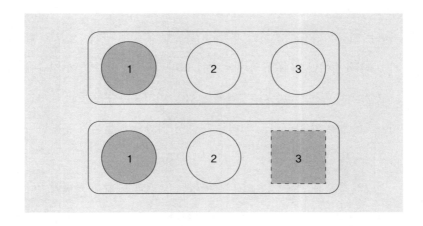

1과 2는 모양은 같지만 색이 다르고, 1과 3은 색은 같지만 모양과 윤곽선이 다르다. 또 2와 3은 색, 모양, 윤곽선이 모두 다르다. 다르다는 것은 어떤 변수 사이의 거리가 멀다는 얘기다. 평면상에서 실제 거리를 피타고라스 정리에 따라서 구하듯, 두 변수 사이의 거리도 변수 공

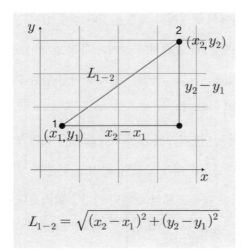

$$L_{1-2} = \sqrt{(x_2 - x_1)^2 + (y_2 - y_1)^2}$$

간에서 정량적으로 구할 수 있다. 물론 색과 모양과 윤곽선의 가중치는 문제에 따라 미리 정할 수 있다.

실제 공간에서의 물리적 거리가 아니라 왼쪽의 그래프처럼 변수 공간에서의 거리를 유클리드 거리Euclidean distance라 한다. AI는 나름대로 유클리드 거리가 가까운 것들끼리 군집화한다. 몇 개로 분류할지, 어떤 방식으로 분류할지 미리 규칙이나 방침을 입력할 수는 있다. 하지만 어떤 것이 정답이라고 가르쳐주지는 않는다. 그럼에도 AI는 비지도학습을 통해 주어진 데이터들 사이의 유클리드 거리를 구해서 가까운 것들끼리 분류하여 자율적으로 군집화한다.

인공신경망 모델은 기존의 미분방정식 모델과 달리 과학법칙이나 규칙이 아니라 현실 데이터에 기반한 것이다. 입력과 출력 사이의 인과관계를 전혀 모르는 상태에서도 데이터만 주어지면 지도학습이나 비지도학습을 통해서 꽤 정확한 결과를 제공한다. 대신에 충분히 많은 양의 데이터와 그 데이터를 고속으로 처리할 수 있는 알고리즘, 하드웨어가 반드시 필요하다.

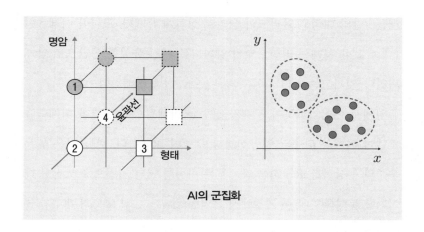

AI의 군집화

다만 인공신경망 모델은 손실함수를 최소화하는 과정에서 미분의 개념을 사용한다. 앞서 이야기한 뉴턴의 가속도의 법칙 또는 질량보존의 법칙 등 물리법칙에 기반하여 수식화된 미분방정식을 이용하지는 않지만, 인공신경망 모델을 엄청난 양의 데이터로 학습시키는 데 미분의 개념은 필수다.

인공지능을 학습시키는 최적화 방법, 경사하강법

2016년 3월 9일부터 6일 동안 서울의 포시즌스호텔에서 세기의 대결이 벌어졌다. 바둑계의 최고 실력자와 구글의 AI 프로그램 알파고AlphaGo의 대결, 딥마인드 챌린지 매치DeepMind Challenge Match였다. 하지만 세간의 기대와 달리 AI 프로그램 알파고와 인류를 대표하는 이

세돌 9단의 대국은 알파고의 승리로 싱겁게 끝났다. 그나마 이세돌이 1대 4로 한 차례 승리함으로써 알파고를 이긴 유일한 인간으로 남게 되었다. 알파고는 딥러닝Deep Learning으로 바둑을 배웠다.

앞에서 이야기했듯이 문제가 점점 복잡해질수록 간단한 기계학습 모델이 아니라 다층의 인공신경망 모델이 필요하다. 바둑 같은 높은 수준의 추상화를 요구하는 문제들은 비선형 변환 기법으로 복잡한 데이터를 분석하는데, 이 과정에서 은닉층hidden layer과 노드의 개수가 늘어나면서 이들을 연결하는 시냅스의 개수, 즉 전달함수에 들어가는 매개변수의 개수도 기하급수적으로 늘어난다. 이러한 방식이 바로 딥러닝이다. 쉽게 얘기해서 딥러닝은 기계학습 중에서 다층의 복잡한 인공신경망 구조를 갖는 높은 수준의 기계학습으로 이해하면 된다. 우리말로는 깊이 있게 배운다는 의미에서 심층학습이라 한다. 깊이 있게 공부한다는 뜻이다.

- AI: 인간이 가진 지능을 구현하는 컴퓨터 시스템을 통칭하여 이르는 말.
- 기계학습: 알고리즘과 통계를 써서 컴퓨터가 스스로 데이터를 분석하도록 하는 AI의 한 분야.
- 딥러닝: 인간의 뇌구조와 같은 다층 인공신경망을 응용하여 비선형 변환 기법으로 복잡한 데이터를 분석하는 높은 수준의 기계학습.

복잡한 인공신경망 구조를 갖는 딥러닝의 개념은 이미 오래전에 제

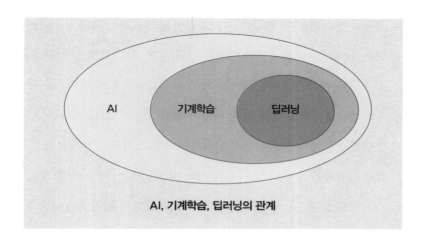

AI, 기계학습, 딥러닝의 관계

안되었으나, 한동안 실용화되지 못하다가 10여 년 전부터 빠르게 발전했다. 최초의 의미 있는 결과는 2012년 스탠퍼드대학교에서 수행한 딥러닝 프로젝트에서 만들어졌다. 유튜브에 올라 있는 1,000만 개가 넘는 동영상 자료를 1만 6,000개의 컴퓨터 프로세서로 입력해서, 10억 개 이상의 노드로 구성된 복잡한 인공신경망에게 학습시킨 것이다. 대단히 복잡한 구조와 많은 데이터를 이용한 어마어마한 계산량이었지만 정작 해결한 문제는 어이없게도 고양이를 인식하는 간단한 문제였다. 고양이가 맞으면 1, 고양이가 아니면 0인 yes/no의 문제를 푼 것이다.

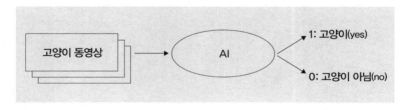

인공신경망은 문제 자체가 어려운 것이 아니라 아니라 알고리즘으

로 구현하기 어려울 때 복잡해진다. 고양이를 인식하는 것은 우리에게 는 쉬운 문제지만 컴퓨터에게는 매우 어렵다. 반대로 1,234,567,890과 2,345,678을 곱하는 문제는, 우리에게는 계산기 없이는 풀기 어려운 문제지만 컴퓨터에게는 너무 쉽다. 사람과 컴퓨터는 사고하는 방식이 다르기 때문에 문제 유형에 따라서 인식되는 난이도 역시 전혀 다르다.

최근 개발되는 음성인식, 자연어 처리, 컴퓨터 비전 등 최첨단 분야의 기계학습은 대부분 딥러닝에 해당한다. 최근 들어 딥러닝이 급속하게 발전하게 된 것은 다음 세 가지 문제가 해결되었기 때문이라 할 수 있다. 바로 고속 연산 작업이 가능한 하드웨어, 빅데이터 그리고 손실함수를 최소화하는 최적화 알고리즘이다. 고속 연산 작업이 가능한 하드웨어와 빅데이터는 뒤에서 자세히 설명한다.

이 중에서 무엇 하나 덜 중요한 것이 없지만, 최적화 알고리즘이 매우 중요한 역할을 했다. 최근 대폭 늘어난 데이터양을 고려할 때 뉴턴

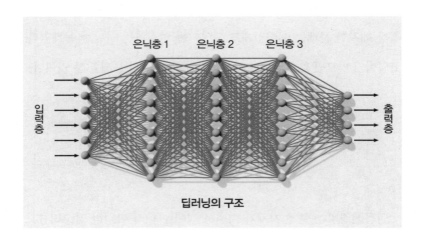

딥러닝의 구조

의 방법은 매우 비효율적이었다. 원리로만 보자면 손실함수를 미분해서 0이 되는 극소점을 찾는 간단한 최적화 문제다. 하지만 손실함수가 함수 형태로 주어지는 것이 아니라 수많은 데이터값으로 주어지기 때문에, 극값을 찾는 과정에서 계산량이 엄청 많아진다.

이러한 문제를 해결하기 위해 손실함수를 최소화하는 다양한 최적화 알고리즘이 개발되고 있는데, 주로 미분을 기초로 하는 확률적 경사하강법Stochastic Gradient Descent이 이용된다.

경사하강법은 프랑스 수학자이자 엔지니어인 코시가 천체의 움직임을 계산하기 위해 1847년에 개발한 것으로 알려져 있으며, 공식은 다음과 같다.

$$x_{k+1} = x_k - \alpha_k \nabla f_k$$

경사하강법이란 경사가 진 방향으로 한 발 한 발 내디디며 극소점을 찾아가는 방법이다. 여기서는 보폭이 매우 중요하다. 경사하강 보폭을 결정하는 오류 발생의 확률인 알파값에 따라서 쉽게 극소점을 찾을 수도 있고, 왔다 갔다 헤맬 수도 있다. 또 수렴하더라도 극소점을 찾는 속도가 달라진다. 따라서 딥러닝의 학습속도learning rate를 결정하는 알파값을 잘 정하는 것이 매우 중요하다.

변수가 여러 개일 때 경사하강법은 그래디언트 벡터gradient vector를 활용한다. 그래디언트 벡터란 앞서 설명한 바와 같이 기울기 벡터다. 보통 1차원적인 기울기를 말할 때는 기울기를, 다차원적인 기울기를 말할 때는 그래디언트를 사용한다. 여기서 그래디언트는 힘이나 속도와 같이 크기가 있고 방향이 있는 물리량, 즉 벡터로 이해해야 한다. 그래디언트 벡터(∇F)란 각 방향의 기울기(f_x, f_y)를 성분으로 하고 각 성분이 이루는 방향(f_y/f_x)을 벡터의 방향으로 한다. 마치 속도 벡터의 성분이 (u, v)이고 방향이 (v/u)인 것과 같다. 벡터의 크기는 피타고라스 정리에 따라 각 성분의 제곱합의 제곱근이다.

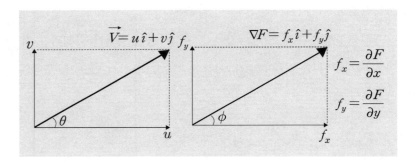

쉽게 말해 산에 서 있으면 내가 향하고 있는 방향에 따라서 기울기가 달라지는데, 그중에서 가장 기울기가 큰 방향이 그래디언트 벡터의 방향이고, 그 기울기값이 그래디언트 벡터의 크기다. 물이나 돌멩이는 중력에 의해서 자연적으로 기울기가 가장 급한 방향으로 향하는데, 그 방향이 바로 그래디언트 벡터의 방향이며 그 값이 그래디언트 벡터의 크기인 것이다. 물론 올라가는 방향을 양으로 잡을 수도 있다.

예를 들어 변수가 2개일 때, 눈을 가린 채 산에서 가장 낮은 지점으로 내려오는 경우를 생각해보자. 효과적인 방법은 기울기가 가장 큰 방향, 즉 그래디언트 벡터의 방향으로 한 걸음씩 이동하는 것이다. 그

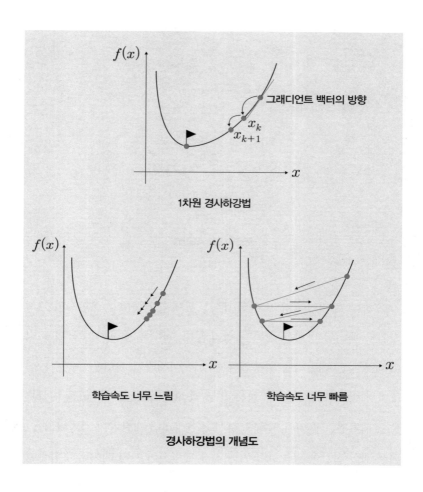

그래디언트 백터의 방향

x_k
x_{k+1}

1차원 경사하강법

학습속도 너무 느림

학습속도 너무 빠름

경사하강법의 개념도

래디언트 벡터 방향으로 한 걸음 이동하고 새로 도착한 지점에서 다시 그래디언트 벡터 방향을 찾아서 한 걸음 이동한다. 이를 반복하면 헤매지 않고 가장 빠르게 극소점에 도달할 수 있다.

이는 손실함수가 우리가 아는 함수꼴로 주어진다면 어떻게든 수학적으로 미분을 해서 그래디언트 벡터의 방향을 찾아낼 수 있다는 뜻이

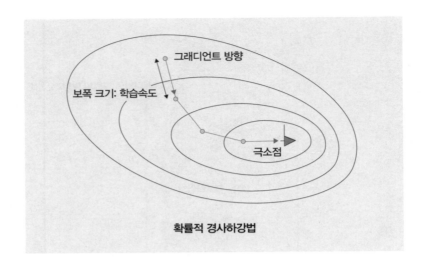

확률적 경사하강법

기도 하다. 하지만 함수가 아닌 데이터값에 근거하여 손실함수의 그래디언트 벡터의 방향을 찾기란 쉽지 않다. 함수를 미분하는 작업은 많이 해봤지만 데이터를 미분한다는 것은 이해하기 어려울 수 있다. 더구나 데이터양이 많을 때, 한 걸음 옮길 때마다 전체 데이터를 대상으로 그래디언트 벡터의 방향을 다시 계산하려면 계산량이 엄청나다. 그래서 계산 시간을 단축하기 위해 전체 데이터가 아닌 데이터의 일부를 무작위로 선정해 확률적으로 추정한다. 이렇게 하면 모든 데이터를 대상으로 하는 것보다 그래디언트 벡터의 방향은 조금 부정확하지만 신속히 다음 방향으로 진행할 수 있기 때문에 결과적으로 최종 목적지에 빠르게 도달할 수 있다. 이를 확률적 경사하강법이라 한다.

확률적 경사하강법은 AI 분야에서 널리 쓰이는 최적화 알고리즘이다. 이 밖에도 모멘텀momentum, 내그Numerical Algorithm Group, NAG, 아

담Adaptive Moment Estimate, ADAM 등 도달 시간을 더욱 단축하기 위해 각
보폭별 데이터 개수나 보폭 크기를 알맞게 조절하는 최적화 알고리즘
이 개발되고 있다.

우리는 언제 만능 AI 비서를 만나게 될까?

딥러닝의 개발은 훈련 단계와 검증 단계로 이루어진다. 주어진 빅데이
터 중 일부는 인공신경망을 학습시키는 데 사용되고, 일부는 완성된
인공신경망이 올바른 결과를 내는지 검증하는 데 사용된다. 학습용 데
이터와 검증용 데이터의 비율은 문제의 종류와 난이도에 따라 달라진

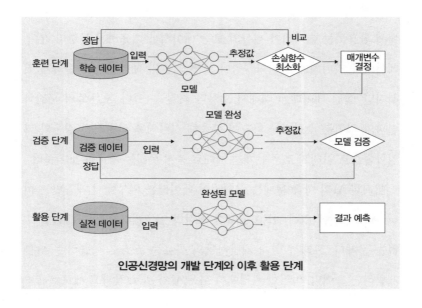

인공신경망의 개발 단계와 이후 활용 단계

다. 우리가 공부하면서 문제집을 풀 때 일부 문제는 정답을 보면서 공부하고, 일부 문제는 남겨두었다가 시험 보기 전날 모의시험용으로 활용하는 것과 같다. 모의시험을 만족스럽게 치러야 안심하고 실전에 들어갈 수 있다.

데이터가 충분하지 않다거나 시간이 없다는 핑계를 대면서 학습을 충분히 하지 않아 학습이 부족한 경우가 있다. 학습이 부족한 것도 문제지만 반대로 학습을 너무 많이 해서 문제가 생기는 경우도 종종 있다. 이를 과잉학습 또는 과적합overfitting이라 한다. 공부를 너무 많이 하다 보니 융통성이 없어져서, 주어진 유형의 문제는 거의 완벽하게 풀지만 새로운 형태의 문제가 나오면 당황하는 경우다. 주어진 문제 유형에 지나치게 적응하고 이에 의존해서, 풀이 방식 등을 일반화시키는 오류를 범하는 것이다. 문제집에 나와 있는 문제가 전부가 아니듯 기계학습에서 활용하는 데이터가 세상의 모든 데이터를 대표하지 못한다. 일부 데이터를 지나치게 과잉학습하다 보면 기존의 데이터는 충실하게 맞히지만, 실전 데이터에 대해서 오차가 커질 수 있다. 오른쪽의 군집화 결과와 회귀분석 결과는 학습이 부족해 지나치게 단순화된 경우와 과잉학습으로 인해 새로운 문제는 제대로 풀지 못하는 경우를 보여준다.

이러한 AI의 학습 문제는 끊임없이 데이터를 외부에서 제공받는 이상 생길 수밖에 없다. 이는 어떠한 최적화 알고리즘으로도 해결할 수 없는 문제다. 그래서 현재 개발자들의 목표는 스스로 학습하는 AI를 개발하는 것이다. 이러한 과정에서 나온 AI가 바로 알파고 제로AlphaGo

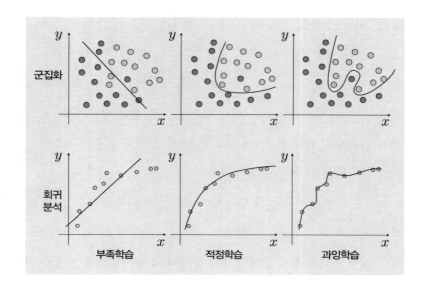

Zero다. 알파고 제로는 바둑 규칙 외에는 아무런 사전 지식 없이 인공신경망 기술을 활용하여 스스로 바둑을 배웠다. 스스로 끝없는 대국을 하며 자신만의 기보를 구축해나갔고, 그 결과 독학 72시간 만에 이세돌을 이긴 알파고(알파고 리)를 뛰어넘었다. 100전 100승이었다. 40일이 지나고 2,900만 번을 혼자 대국한 뒤에는, 다시 말해 스스로 빅데이터를 구축한 뒤에는 기존의 최강 버전인 알파고 마스터의 실력을 웃돌게 됐다. 100전 89승으로.

현재 설계된 대부분의 AI는 끊임없이 외부에서 데이터를 제공받아야 한다. 이러한 데이터들은 불확실성을 전제하지 않으며, 데이터를 학습하는 과정은 연속적으로 이루어지지 못한다. 변하는 환경에 빠르게 적응하고 끊임없이 학습하며 발달하는 자연지능과 본질적으로 다른 점들이다. 하지만 알파고 제로를 통해 우리는 자연적인 AI natural artifical intelligence의 가능성을 엿봤다. 그리고 이는 다양한 환경 변화에 적응할 수 있는 범용 AI Artificial General Intelligence, AGI의 탄생도 가능하게 한다. 실제로 1개의 알고리즘으로 바둑, 체스, 쇼기(일본식 장기) 등의 보드게임 범용 AI인 알파 제로AlphaZero가 나왔다. 알파 제로 역시 자신만의 빅데이터를 구축하여 각 보드게임의 AI 챔피언들을 이기고 있다.

지금은 수억 명이 각각의 분야마다 다른 개인 비서를 두고 있다. 영화 추천을 받고 싶을 때는 각 OTT Over The Top의 알고리즘에 의존하고, 외국어 번역이 필요할 때는 구글 음성 번역을 이용하며, 음성을 텍스트로 변환할 때는 클로바노트를 활용하는 등 각기 다른 AI를 활용한다. 언젠가는 각각의 분야에서 하나의 기능만 잘하는 비서가 아니라 모든 분야를 통달한 개인 비서가 등장할 것이다. 인간이 예측하지 못하는 현실 세계의 문제들을 앞서서 풀어내는 AI 말이다.

:
．

인공지능이 발달할 수 있었던 또 다른 배경

AI 발전을 견인한 딥러닝. 딥러닝을 가능하게 만든 데에는 손실함수를 최적화하는 알고리즘만 영향을 끼친 것이 아니다. 이제부터 하드웨어의 발달과 빅데이터의 축적에 대해 살펴보자.

고속 연산 작업이 가능한 하드웨어의 등장

1958년 반도체 엔진 생산 업체 텍사스 인스트루먼트Texas Instruments에 근무하던 잭 킬비Jack S. Kilby가 집적회로Integrated Circuit, IC를 발명한 이후 반도체는 눈부신 발전을 거듭해왔다. 집적회로란 분리 불가능하고 완전한 회로 기능을 갖춘 장치다. 부품의 크기가 작고 모든 회로가 작은 판 위에 인접하여 제작되었기 때문에 집적회로를 통하면 연산 속도가 매우 빠르고 전력 소모 또한 매우 적다. 주로 반도체로 구성된 전자 회로와 단자가 여러 개인 소형 패키지로 구성된다.

반도체 집적회로는 엄청나게 빠른 속도로 발전해왔다. '무어의 법칙Moore's law'에 따르면 24개월마다 반도체 집적회로의 성능이 2배로 증가하는 것으로 알려져 있다. 즉 2년이면 2배, 4년이면 4배, 10년이면 32배, 20년이면 1,000배로 성능이 빨라져 인간은 도저히 따라잡을 수 없을 정도의 고속 연산이 가능해지는 것이다. 2018년에는 엔비디아가 그래픽처리장치Graphics Processing Unit, GPU를 개발하면서 15억 번의 계산이 0.0001초 안에 가능해졌다.

연산 속도는 엄청 빨라진 반면 반도체 집적회로의 크기는 엄청 작아졌다. 반도체의 집적도는 작은 칩 위에 들어가는 트랜지스터, 다이오드, 저항 등 개별 소자의 수를 말한다. 집적도를 설명하는 법칙으로 '황의 법칙Hwang's law'이 있다. 황창규 전 삼성전자의 사장이 발표한 '메모리 신성장론'이며, 반도체 메모리 용량이 매년 2배씩 증가한다는 법칙이다. 해마다 회로 간격과 반도체 소자의 크기를 절반으로 줄여서 2배의 회로를 집어넣을 수 있다는 말이다.

정리하자면 연산 속도는 2년에 2배씩 빨라지고, 메모리 용량은 매년 2배씩 커진다는 얘기다. 몇 년 전 쓰던 컴퓨터 사양을 살펴보면 이러한 추세가 대략 맞다는 것을 확인할 수 있다.

충분한 양의 빅데이터 축적

인터넷과 사물인터넷Internet of Things, IoT의 발달로 데이터가 폭발적으로 증가하고 있다. 인류가 파피루스로 기록을 남기기 시작한 이래 2000년대 초반까지 생산한 정보의 총량은 약 20엑사바이트exabyte, EB에 달하는

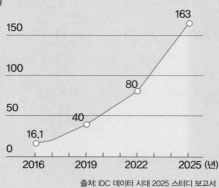

출처: IDC 데이터 시대 2025 스터디 보고서

글로벌 데이터 예상 발생량

것으로 추정된다. 엑사바이트는 테라바이트terabyte, TB의 약 100만 배이므로 20엑사바이트는 1테라바이트짜리 하드디스크 2,000만 개 분량이다. 그런데 2010년 들어서 매일 3엑사바이트의 정보가 생산되니, 2000년 동안 생산한 정보량을 일주일 만에 만들어내는 꼴이다.

우리가 흔히 접하는 인스타그램에는 1분에 500억 개 이상의 피드와 5만 개 이상의 사진이 등록되고 있다. 유튜브는 1분에 10시간 분량의 동영상이 업로드되고 있다. 인간의 지식 총량이 2배가 되는 데 걸리는 시간이 1900년 이전에는 100년 정도였으나, 1945년까지는 25년, 현재는 1년에 불과하다. 2020년 이후에는 12시간 만에 2배가 될 것으로 예측하고 있다.

글로벌 데이터 예상 발생량 그래프에 따르면 2025년에는 인류의 정보량이 163제타바이트zettabyte, ZB에 이를 것으로 보인다. 1제타바이트는 1,024엑사바이트에, 163제타바이트는 약 16만 7,000엑사바이트에 해당하는 데이터양이다. 그런데 코로나19 팬데믹으로 인한 데이터 정보량의 증가는 이러한 예상을 앞지르고 있는 형국이다. 만약 지금처럼 발달한 하드웨어와 최적화 알고리즘이 없었더라면 AI가 이렇게 많은 양의 데이터를 학습하는 것은 불가능했을 것이다.

[IV]

작은 움직임을 모으면
변화의 축이 보인다
기하학

1965년, 이탈리아 시칠리아섬에 있는 도시 시라쿠사에서 호텔 공사를 위해 땅을 파던 중 비석을 하나 발견했다. 묘비로 추정되는 그 비석에는 다음의 그림이 그려져 있었다. 바로 2000년의 역사 동안 사라져 있던 아르키메데스의 도형이다.

여러분은 욕조에서 금관의 밀도를 측정하는 방법을 알아내고 벌거벗은 채로 뛰어나와 유레카를 외친 수학자 이야기를 들어보았을 것이다. 그가 바로 아르키메데스다. 아르키메데스는 그리스의 대표 수학자

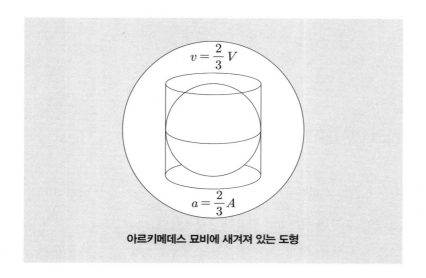

아르키메데스 묘비에 새겨져 있는 도형

이자 철학자로 알려져 있지만, 물체에 대한 힘의 작용을 연구하는 정역학과 기체나 액체의 운동을 다루는 유체역학 등에도 많은 연구 업적을 남긴 물리학자다. 또한 나선양수기, 태양광 집중 반사거울 등을 고안한 공학자이기도 하다. 그는 목욕탕 사건 이후 '부력의 원리'를 발견하고 발표하기도 했다.

아르키메데스는 특히 기하학에 관심이 많았고 "구에 외접하는 원기둥의 부피는 그 구 부피의 1.5배다"라는 역사적인 발견을 했다. 자신의 발견을 너무 자랑스러워했던 아르키메데스는 묘비에 자신의 발견을 새겨달라는 유언을 남겼다. 실제로 그의 사후 그가 발견한 도형은 묘비에 새겨졌지만 로마와 시라쿠사가 전쟁을 벌이는 통에 역사 저편으로 사라져 있었다. 그런데 그 묘비가 다시 세상에 드러난 것이다.

그런데 이 역사적인 발견의 원리에 바로 적분이 있다. 우리는 고대에 발견된 이 수학적인 개념이 어떻게 최첨단기술 사회를 움직이고 있는지 살펴볼 것이다.

원의 면적을 구하는 고대 수학

적분의 개념은 미분보다 훨씬 먼저, 아르키메데스의 출생 이전에 태동했다. 바로 고대 기하학의 산물인 구분구적법區分求積法, mensuration by parts 이다. 구분구적법은 그리스의 수학자 에우독소스Eudoxos가 고안하고 아르키메데스가 완성한 것으로 알려져 있다. 구분구적법이란 원이나 포물선처럼 곡선으로 이루어진 면적을 구하기 위해 큰 삼각형과 작은 삼각형으로 나누고 이들의 면적을 모두 합치는 것을 말한다. 합친다는 의미에서 적분 개념의 출발이고 점점 작게 들어간다는 의미에서 극한 개념의 출발이라 할 수 있다.

고대 이집트에서는 자주 범람하는 나일강 유역의 토지 면적을 측량할 필요가 있었는데, 이때 이 구분구적법을 활용했다. 이집트인들은 세 꼭짓점에 막대를 꽂아놓고 막대 사이의 직선거리를 측정해서 삼각형 면적을 계산했다. 불규칙하게 생긴 땅을 여러 개의 작은 삼각형으로 나눈 뒤 이들의 면적을 모두 합산해 전체 면적을 구한 것이다. 삼각형은 사각형에 비해서 면적을 구하기 쉽고 들쭉날쭉한 경계를 잘 따라가면서 구분할 수 있는 장점이 있다. 이때 굳이 직각삼각형을 고집할 필요는 없었다. 넓은 토지에서 두 선분의 직각을 유지하는 일은 생각만큼 쉽지 않았고, 직각삼각형이 아닌 일반 삼각형의 면적을 구하는 공식이 이미 알려져 있었기 때문이다. 바로 이집트 출신의 수학자 헤론Heron의

나일강 유역의 면적을 측정하는 고대 이집트인

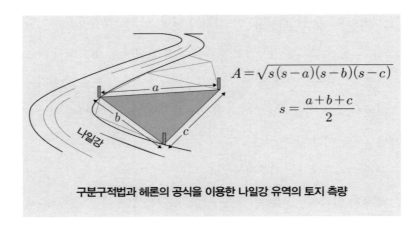

$$A = \sqrt{s(s-a)(s-b)(s-c)}$$

$$s = \frac{a+b+c}{2}$$

구분구적법과 헤론의 공식을 이용한 나일강 유역의 토지 측량

저서《측량술Metrica》에 유도되어 있는 헤론의 공식Heron's formula이다.

아르키메데스는 원의 면적을 구하기 위해서 내접하는 다각형과 외접하는 다각형을 이용했다. 다각형의 꼭짓점 개수를 늘려나가면 틈새 면적을 줄이면서 원의 면적을 구할 수 있다. 예컨대 삼각형 개수를 늘리면 점점 원의 면적에 가까워진다. 작은 삼각형 하나의 면적은 잘 아는 바와 같이 높이(R) 곱하기 밑변(b) 나누기 2이고, 여기에 삼각형 개수(N)를 곱하면 전체 원의 면적 A는 다음과 같이 표현할 수 있다.

$$A = (\frac{1}{2}Rb)N = \pi R^2$$

π값이 얼마인지 정확히는 모르지만 반지름 R의 제곱에 π를 곱한 것이 원의 면적이 된다는 사실을 유도한 것이다. 이것이 바로 앞서 설명한 바와 같이 극한의 개념이 들어간 아르키메데스의 소진법method of exhaustion이다. 소진법은 남은 공간이 소진될 때까지 계속한다는 뜻으

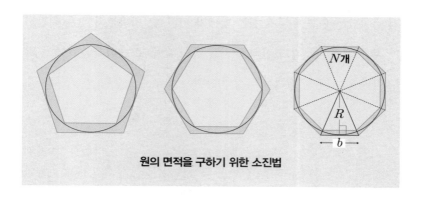

원의 면적을 구하기 위한 소진법

로, 기름 짜듯이 점점 조여 들어간다는 뜻의 착유법이라고도 했다.

이러한 개념을 이용해서 아르키메데스의 묘비에 새겨진 원통, 구, 원뿔의 부피를 구해보면 흥미롭다. 모두가 알고 있는 바와 같이 신기하게도 원뿔 : 구 : 원통의 부피는 정확하게 1 : 2 : 3이 된다. 원통의 부피는 구의 1.5배, 구의 부피는 원뿔의 2배다.

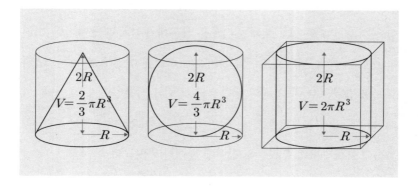

부피 V를 구하려면 특정 방향으로 잘라야 하는데 그 방향이 중요하다. 원뿔의 높이에 수직이 되는 방향으로 자르면 자를수록 크기가 점

점 줄어드는 원판이 쌓여 있는 형태가 된다. 큰 원판부터 작은 원판까지 각각의 면적에 각 원판의 높이를 곱한 값을 모두 더하면 부피를 알 수 있다. 각 원판의 면적은 각각의 반지름(r)으로 구한다.

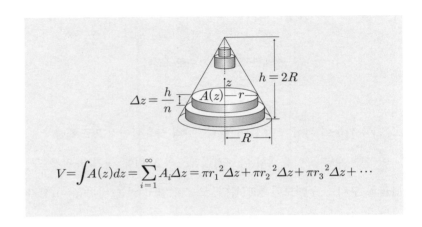

$$V = \int A(z)dz = \sum_{i=1}^{\infty} A_i \Delta z = \pi r_1{}^2 \Delta z + \pi r_2{}^2 \Delta z + \pi r_3{}^2 \Delta z + \cdots$$

오래전부터 포도주 양조장에서는 참나무로 만든 오크통을 사용해 왔다. 참나무는 포도주가 숙성되는 과정에서 색과 맛, 탄닌 함량에 영향을 끼치기 때문이다. 보통 오크통은 가운데가 불룩한 모양이다. 이러한 오크통 안에 담긴 포도주의 부피를 구하려면 어떻게 해야 할까? 바로 수평방향으로 여러 개의 원판으로 나누어 적분하면 된다. 이때 아래위 양끝의 원판보다 중간의 원판이 크다. 즉 오크통은 가운데가 불룩하여 포도주량이 오크통의 깊이에 비례하지 않는다.

과거에도 포도주를 거래할 때 이러한 사실을 알고 있었다. 포도주 상인들은 오크통 안으로 긴 막대를 넣어 포도주가 묻어나는 높이를 측정해서 부피를 구하곤 했다. 이때 부피를 재기 위해 매번 적분하는 수

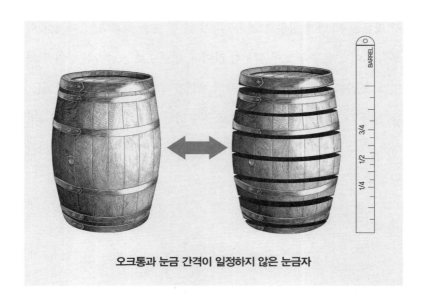

오크통과 눈금 간격이 일정하지 않은 눈금자

고를 하지 않으려면 막대자의 눈금을 높이에 따라 다르게 매겼다. 위 아래 끝쪽보다 중간 부분의 눈금을 촘촘하게 표시한 것이다.

구의 경우에는 부피를 구하기 위해서 여러 방향으로 잘라도 무방하다. 보통 수박 자를 때를 생각해보면, 한쪽 방향으로 같은 두께로 자르기도 하고 방사상(우산살 모양과 같이 중심에서 바깥쪽으로 뻗은 모양)으로 자르기도 한다. 그런가 하면 맛보기처럼 뾰족하게 자를 수도 있다. 적분을 어느 방향으로 할 것인가에 따라서 잘린 모양은 다르지만 조각의 부피를 모두 합친 전체 수박의 부피는 똑같다.

사실 요리를 할 때도 미분과 적분이 골고루 이용된다. 예컨대 카레를 할 때 감자를 길이 방향(dx)으로 얇게 자른 후, 납작한 감자 편을 사각 막대 형태(dy)로 다시 자른다. 또 큐브 형태로 자르기 위해서는 사각 막대를 세 번째 방향으로(dz) 다시 한 번 송송 자른다. 감자 전체의 부피는 이 큐브들을 모두 적분한 값이다. 한편으로는 납작한 감자 편의 면적 $A(x)$를 적분해도 감자 전체의 부피를 구할 수 있다. 또 면적 $A(x)$는 길이 $L(x, y)$를 폭 방향(y)으로 적분하면 되고 다시 $L(x, y)$은 z방향으로 dz를 적분하면 된다. 어떻게 자르든 적분하면 원래의 감자가되는 것은 같다.

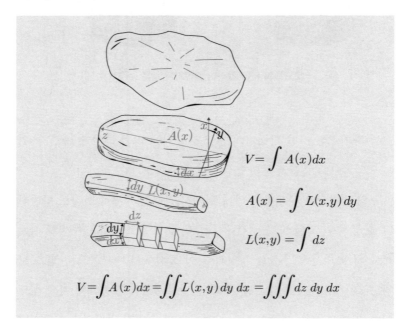

$$V = \int A(x)dx$$

$$A(x) = \int L(x,y)\,dy$$

$$L(x,y) = \int dz$$

$$V = \int A(x)dx = \iint L(x,y)\,dy\,dx = \iiint dz\,dy\,dx$$

결국 미분이란 잘게 나눈다는 뜻으로, 시간으로 나누어 순간변화율을 구하거나 공간으로 쪼개서 기울기를 구할 수 있다. 반대로 적분은 합친다는 뜻인데, 시간에 따른 누적량을 구할 수도 있고 공간적으로 합쳐서 부피를 구할 수도 있다.

특명, 코로나19 확진자 발생률을 파악하라

수학적으로 함수를 미분하면 도함수가 되고 도함수를 적분하면 도로 그 함수가 된다. 점을 적분하면 선이 되고, 선을 적분하면 면, 면을 적분하면 입체가 된다. 미분은 반대 방향으로 작용한다.

적분($\int$)이나 미분(d)은 숫자나 함수처럼 스스로 어떤 값을 갖는 것이 아니라, 뒤에 따라오는 함수에 작용했을 때 의미가 있다. 이때 선형

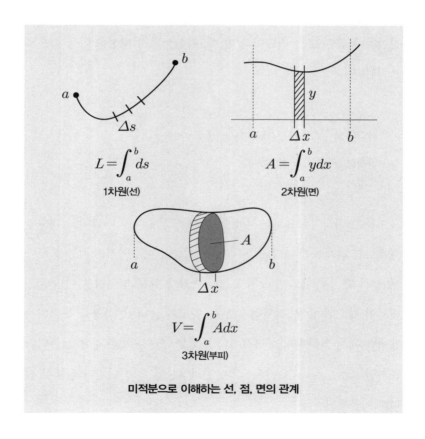

미적분으로 이해하는 선, 점, 면의 관계

적으로 작용한다 하여 선형 연산자linear operator라 한다.

선형이란 가산성과 비례성을 갖는 것을 말한다. 가산성이란 합산한 것에 작용한 결과가, 작용한 결과를 합산한 것과 같다는 의미다. 비례성이란 상수를 곱한 값에 작용한 결과가, 작용한 결과에 상수를 곱한 것과 같다는 의미다. 가산성과 비례성을 만족하는 함수를 선형함수라 한다. 또한 푸리에 변환Fourier transform이나 라플라스 변환Laplace transform 등 각종 수학적 변환들도 선형성을 만족하므로 선형 변환이라 한다.

우리가 배우는 수학은 모두 선형이라 해도 무리가 아니다. F를 어떤 연산자나 함수 또는 변환이라 할 때, 가산성과 비례성은 다음 식으로 표현된다.

- 가산성: $F(x+y) = F(x) + F(y)$
- 비례성: $F(ax) = a \cdot F(x)$

미분은 기하학적으로는 곡선에 접하는 기울기를 나타내고 대수학적으로는 변화율을 나타내는 데 비해, 적분은 나누어진 조각들을 모아서 합친 면적을 나타내고 함숫값의 변화에 따른 누적량을 나타낸다. 미분이 쓸모가 많은 것처럼 적분도 쓸모가 많다. 변화량을 누적하는 개념을 써서 기하학적인 면적이나 부피를 구하는 것은 물론 컴퓨터단층촬영computed tomography, CT이나 전기영상법 등 첨단기기의 핵심 원리로 이용된다.

	미분	적분
수학식	$f = \dfrac{dF}{dx}$	$F = \displaystyle\int f dx$
기하학적 의미	기울기	아래 면적
대수학적 의미	변화율	누적량

코로나19 일일 확진자와 누적 확진자의 차이

미분에서 '상태량'과 '변화량'을 구별하는 것처럼 적분에서는 '합쳐지는 양'과 '합쳐진 결과량'을 구별해야 한다. 코로나19 확진자를 예로 들면, 일일 확진자와 누적 확진자의 차이와 같다. 일일 확진자는 합쳐지는 양이고 누적 확진자는 합쳐진 결과량이다. 일일 확진자를 모두 합치면 누적 확진자가 되고 누적 확진자의 변화율은 일일 확진자가 된다. 일일 확진자는 하루하루 변동이 심하지만 누적 확진자는 꾸준히 증가한다. 일일 확진자는 증가 속도를 나타내는 미분값에 해당하며, 누적 확진자는 일일 증가분을 적분한 값에 해당한다.

우리나라에서 코로나19 바이러스의 1차 확산기는 2020년 2월 말부터 3월 중순까지였다. 일일 확진자 수가 갑자기 증가해 최댓값을 보이다가, 2021년 3월 말에 들어서면 일일 확진자 수는 여전히 높은 편이지만 변화 기울기는 완만해진다. 물론 누적 확진자 수는 꾸준히 증가한다. 사망자 발생은 확진자 발병보다 며칠씩 지연되어 나타나기는 하지만 누적 사망자 역시 일일 사망자의 적분 관계로 나타난다.

여기서 일일 확진자 f는 단위가 [명/일]이고 이를 날짜별로 적분한 누적 확진자 F는 단위가 [명]이다. 어떤 양을 합쳐 적분한 값의 차원은 원래 함수의 차원과 독립변수의 곱이 된다. 여기서 대괄호([ ])는 특정 물리량의 차원을 나타낸다.

$$F = \int f\,dt$$

$$[F] = [f] \cdot [t] = [\,명 / 일\,] \cdot [\,일\,] = [\,명\,]$$

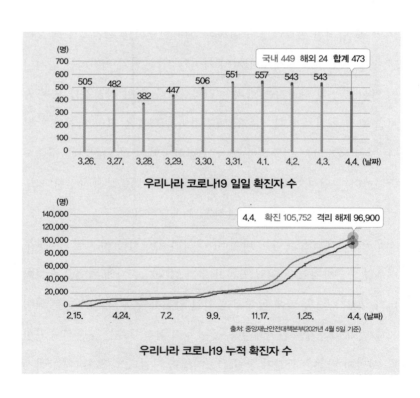

우리나라 코로나19 일일 확진자 수

우리나라 코로나19 누적 확진자 수

현재 상태를 판단하는 근거, 적분

미분할 때 어떤 변수로 미분하느냐가 중요한 것처럼, 적분할 때도 무엇으로 적분하느냐가 중요하다. 미분에서는 잘게 나누는 독립변수로 시간, 공간 또는 다양한 물리 변수를 사용하는데, 적분에서도 마찬가지다. 미분에서 시간으로 미분하면 시간 변화율, 거리로 미분하면 공간의 기울기가 되는 것처럼 적분에서도 길이 방향으로 적분하면 공간의 누적량, 시간 방향으로 적분하면 시간의 누적량이 된다.

시간이나 공간좌표 외에 자연과학 문제에서는 온도, 주파수, 질량 등 물리 변수들이 종종 사용되고 인문사회 문제에서는 점수, 비용, 효용 등 다양한 변수가 사용된다. 온도가 독립변수인 경우, 온도에 따른 물체의 부피 변화율을 구하려면 온도를 증가시키면서 물체의 부피 변화를 측정하면 된다. 부피를 온도로 미분한 값이다. 반대로 물체의 최종 부피는 온도 변화에 따른 부피 변화율을 모두 합산해 적분한 값을 구하면 된다.

주파수도 적분 변수로 이용할 수 있다. 이해하기 쉽지는 않겠지만 주파수당 신호를 적분하면 여러 주파수가 중첩된 복잡한 신호가 만들어진다. 반대로 복잡한 신호를 분해하면 주파수가 단일한 여러 개의 정현파로 나누어진다. 푸리에 변환과 역변환이다. 푸리에 변환에 관해서는 뒤에서 상세하게 다룬다.

그런가 하면 수능 성적도 적분을 수행하는 독립변수로 사용된다. 수

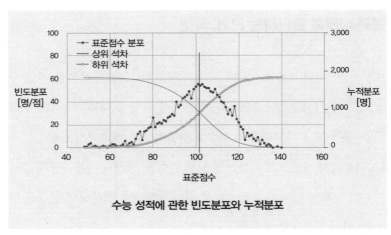

수능 성적에 관한 빈도분포와 누적분포

표준점수에 따른 1,800명의 학생 분포다. 표준점수 100점을 중심으로 한 종 모양의 곡선은 빈도분포로서 각 점수대별 학생 수를 나타낸다. 빨간 선은 아래로부터 누적된 하위 석차, 회색 선은 위로부터 누적된 상위 석차다. 상위 석차와 하위 석차는 중앙을 중심으로 대칭이다.

능 성적을 그래프에 그리면 성적이 낮은 학생부터 높은 학생까지 대체로 종 모양의 가우스분포Gaussian distribution(정규분포)를 보인다. 표준점수 100점 부근에 많은 학생이 몰려 있고, 위로 올라가거나 아래로 내려가면 점점 학생 수는 줄어든다. 각 점수대의 학생 수를 표시한 것을 빈도분포frequency distribution라 한다. 몇 점대에 몇 명의 학생이 있는지를 보여주는 것으로 단위는 [명/점]이다.

여기서 자신의 석차를 알고 싶으면 성적을 적분해야 한다. 즉 성적이라는 독립변수로 종 모양의 가우스분포 곡선을 적분하는 것이다. 이를 누적분포cumulative distribution라 한다. 이때 누적분포의 단위는 [명] 또는 [등]이다. 물론 상위 석차를 매기고 싶으면 위부터, 하위 석차를 원하면 아래부터 적분하는데, 방향만 다를 뿐 누적량을 구하는 것은 마찬가지다. 상위 석차가 꼴등인 학생의 하위 석차는 1등이다. 누적분포는 매끈하게 나타나는 반면, 빈도분포는 변동이 심하게 나타날 수 있다. 학생 수가 적은 경우에는 들쭉날쭉한 정도가 더욱 심해진다.

적분을 활용한 오늘날의 측정 방법들

직선 길이를 잴 때는 막대자를 쓰고 곡선 길이를 잴 때는 줄자를 쓴다. 자유곡선자(뱀자)는 곡선을 따라서 구부리면 철사처럼 모양이 유지되어 곡선 길이를 재는 데 편리하다. 또 원하는 모양으로 구부려져 다양한 패턴을 그릴 수 있다. 제도용이나 재단용으로 널리 활용된다.

그런가 하면 곡선의 길이를 측정하는 장치로 커브 러너curve runner가 있다. 곡선을 따라 바퀴가 굴러간 길이를 측정한다. 방향을 바꾸어가면서 굴러간 거리를 짧은 직선으로 나누어 적분해나가는 것이다. 마찬가

커브 러너

거리 측정용 휠

지 원리로 구불구불 휘어진 도로를 따라 측정용 휠을 굴리면서 거리를 측정할 수 있다. 바퀴의 누적 회전수를 디지털로 표시해주는 것도 있다. 주행 경로를 안내하는 내비게이션 앱에서도 같은 방법으로 목적지까지의 거리를 안내한다. 휠을 직접 굴리는 대신 출발점과 도착점까지의 곡선 경로를 짧은 직선으로 잘게 나누어 합산한다.

수학적으로 $y = f(x)$라는 함수 형태가 주어지면 곡선의 길이를 적분해서 구할 수 있다. 피타고라스의 정리로 빗변의 길이를 구하는 공식은 $\Delta s = \sqrt{\Delta x^2 + \Delta y^2}$ 이므로 이를 모두 더하면 곡선의 길이가 구해진다. 즉 y의 도함수를 구할 수 있으면 다음 식에 따라 길이를 구한다.

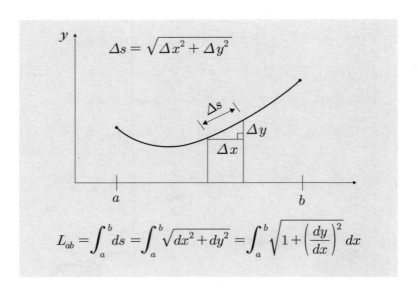

$$L_{ab} = \int_a^b ds = \int_a^b \sqrt{dx^2 + dy^2} = \int_a^b \sqrt{1 + \left(\frac{dy}{dx}\right)^2}\, dx$$

그렇다면 곡선으로 둘러싸인 면적은 어떻게 측정할까? 고대 이집트 시대에 나일강을 따라 펼쳐진 불규칙한 땅의 면적을 여러 개의 삼각형으로 나누어 측정했듯이, 현대에도 건설공사를 할 때는 삼변측량trilateration을 해서 토지 면적이나 지형 정보를 얻는다. 삼변측량이란 세 변의 길이를 측정하여 면적 등의 정보를 얻는 측량 방법이다. 하지만 삼각점 사이의 거리가 먼 경우, 특히 주변에 건물 등 장애물이 많으면 세 변의 길이를 모두 측정하는 것이 쉽지 않다. 이때는 삼각측량triangulation을 선호한다. 삼각측량으로는 한 변의 길이(a)와 양쪽의 각도(α, β)를 측정해서 제3의 점(C) 위치와 세 변의 길이를 알아낼 수 있다. 그다음에는 앞서 설명한 헤론의 공식에 따라 면적을 구한다. 삼각형 1개의 면적을 측량하면 그중 한 변을 기준으로 양쪽의 각도를 측정해서 계속해서 다른 삼각점을 찾아간다. 삼각형의 두 변을 연장해 나가면서 전체 토지 면적을 포함하는 삼각망을 구성한다.

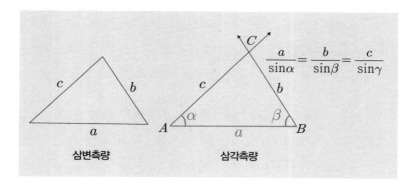

도면에서 면적을 잴 때는 작은 정사각형으로 나누어진 모눈종이 위에 곡선으로 이루어진 토지 면적을 그리고, 그린 토지 면적에 포함된 정사각형의 개수를 세서 면적을 측정한다. 정사각형의 크기가 작을수

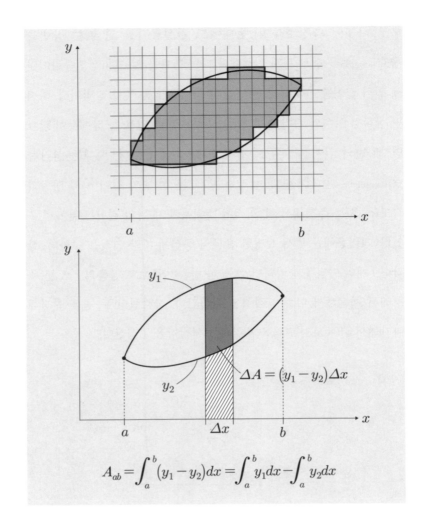

$$A_{ab} = \int_a^b (y_1 - y_2)dx = \int_a^b y_1 dx - \int_a^b y_2 dx$$

록 정밀하게 측정할 수 있다. 다양한 면적 측정 앱이 있는데 역시 같은 방법으로 면적을 측정한다.

　수학적으로 면적을 구하는 방법은 이미 배운 대로 면적을 둘러싼 위 아래 두 함수의 차이를 적분함으로써 구할 수 있다. 예컨대 두 번째 그래프의 위 곡선 $y_1(x)$ 아래 면적에서 아래 곡선 $y_2(x)$의 아래 면적을 빼는 식이다.

일반인들에게 잘 알려지지는 않았지만 아날로그 방식으로 면적을 측정하는 장치를 면적계planimeter(측면기)라 한다. 한쪽 끝(O점)을 고정시키고 다른 쪽에 있는 관측점(T점)으로 구불구불한 면적의 둘레를 따라서 시작점과 끝점이 일치하는 하나의 폐곡선을 그리면 신기하게도 내부 면적을 구할 수 있다.

면적계의 관측점이 둘레를 따라 한 바퀴를 도는 동안 막대에 붙어

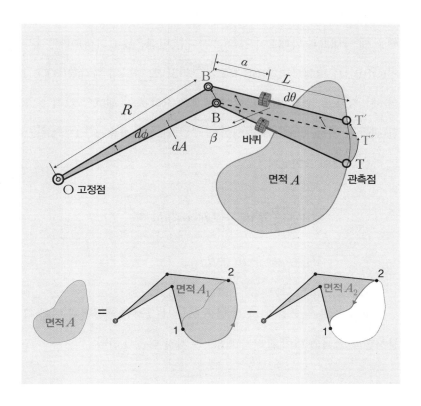

있는 휠이 회전한다. 휠은 원주 방향으로 이동할 때는 회전하고 길이 방향으로 이동할 때는 미끄러질 뿐 회전하지 않는다. 반시계 방향으로 그림 속 1점에서 2점으로 이동하는 동안 휠은 양의 방향으로 회전하고, 반대로 2점에서 1점으로 이동하는 동안은 음의 방향으로 회전한다. 따라서 한 바퀴 돌아 제자리로 돌아오면 둘의 차이, 즉 순 회전수가 측정된다. 이것은 외곽선을 따라 1에서 2로 이동하는 동안의 면적 A_1과 내곽선을 따라 2에서 1로 이동하는 동안의 면적 A_2의 차이 때문에 생긴 결과다.

수학식으로 증명하자면, 이 그림에서 관측점 T가 인근 점 T′로 이동했을 때 막대 R과 막대 L이 휩쓸고 지나간 면적은 dA(회색)이며, 삼각형(OBB′)과 평행사변형(BB′T′T″) 그리고 또 하나의 삼각형(BTT″)의 세 구간으로 이루어진다. 휠이 굴러간 거리 ds는 원호를 그리는 구간(관측점 이동, T-T″)과 평행이동 구간(관측점 이동, T″-T′)의 합으로 다음과 같이 표현된다.

$$dA = \frac{1}{2}R^2 d\phi + LR\cos\beta d\phi + \frac{1}{2}L^2 d\theta$$

$$ds = ad\theta + R\cos\beta d\phi$$

위의 두 식을 둘레를 따라 한 바퀴 돌면서 그려진 폐곡선에 대해 적분하면 면적 A와 휠이 굴러간 거리 s는 각각 다음과 같다.

$$A = \frac{1}{2}R^2 \cancel{\oint d\phi} + LR\oint\cos\beta d\phi + \frac{1}{2}L^2 \cancel{\oint d\theta}$$

$$s = a\cancel{\oint d\theta} + R\oint\cos\beta d\phi$$

폐곡선 적분에 대해서 0이 되는 항들($\oint d\phi=0$, $\oint d\theta=0$)을 제거하면, 면적 A는 막대 L의 길이와 휠이 굴러간 거리 s를 곱해서 구할 수 있다는 결론이 나온다. 길이 L은 장치에서 주어져 있으므로 굴러간 거리 s만 측정하면 면적을 구할 수 있다.

$$A = L \cdot s$$

건설공사 현장이야말로 적분을 활용해 면적과 부피를 활발하게 측정하는 곳이다. 건설공사를 하려면 부지를 조성하기 위해서 먼저 굴곡이 있는 땅을 평평하게 만든다. 언덕처럼 볼록한 곳은 깎아내고 움푹 파인 곳은 흙으로 메꾼다. 또 야적장에는 모래 더미나 석탄 더미가 있는데, 그 양이 어느 정도 되는지 가늠할 필요가 있다. 아주 정확하게는 아니더라도 그 더미들을 치우려면 트럭 몇 대가 필요한지 정도는 측정해야 한다.

과거에는 쌓여 있는 불규칙한 더미의 부피를 측정하기 위해 쌓인 총 높이와 바닥 면적을 측정하고 모양을 원뿔로 가정해서 부피를 짐작하곤 했다. 최근에는 드론을 이용해서 더미의 입체 형상을 사진으로 찍으면 자동으로 전체 부피가 측정된다. 드론이 목표로 한 지형을 여러

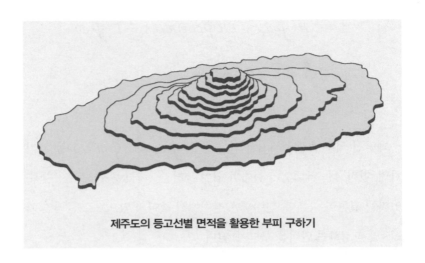

제주도의 등고선별 면적을 활용한 부피 구하기

각도에서 중복 촬영해 전송하면, 프로그램은 등고선을 따라 해당 데이터를 일정한 높이의 층으로 나누고 각 층의 면적을 측정해서 모두 적분한다. 예를 들어 등고선을 따라 제주도의 평면을 자르고 각 등고선별로 면적을 구해서 모두 더하면 한라산을 포함한 제주도 전체의 부피를 구할 수 있다. 등고선의 간격을 촘촘히 하면 좀 더 정확한 부피를 구할 수 있을 것이다.

드론 매핑을 통해 제작된 다양한 지형도

적분이 이끈 의학 발전, CT

해부 없이 인체 내부를 살펴보다, X선 촬영

X선X-ray 촬영은 투과성이 강해서 의료 분야를 비롯해 제품을 파괴하
지 않고 결함을 검사하는 비파괴검사nondestructive inspection 등에 널리
활용되고 있다.

1895년 독일의 물리학자 빌헬름 콘라트 뢴트겐Wilhelm Conrad Röntgen
은 전자가 빠른 속도로 물체에 충돌하면서 의문의 복사선이 방출되는
것을 발견했다. 그러고는 이 복사선에 전기장이나 자기장에서 휘어지
지 않는 의문의 복사선이라는 의미로 X선이라 이름 붙였다. 알파벳 X
는 미지수나 X세대, X파일과 같이 실체를 정확히 알 수 없는 것을 명명
할 때 종종 이용된다.

뢴트겐은 투과성이 강한 X선의 특성을 이용하여 결혼반지를 끼고

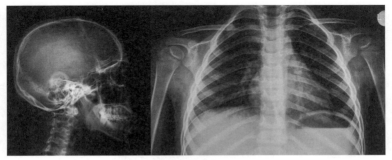

X선으로 촬영한 사람의 두개골과 흉부

있는 아내의 손을 찍었는데, 이것이 최초의 X선 사진이라 할 수 있다. 뼈는 X선이 거의 투과하지 못하기 때문에 하얗게 나오고, 허파와 같은 내부 장기나 근육 조직은 X선이 잘 투과해서 감광시키므로 검게 나타난다. 투과 정도는 뼈, 회백질, 혈액, 물, 공기 등 내부의 구성 물질에 따라서 달라진다.

의료계는 이러한 X선의 발견을 적극 환영했다. 당시 인체의 내부를 확인하려면 해부를 해야 했는데, 살아 있는 사람에게 칼을 대는 것을 꺼려왔기 때문이다. 실제로 X선을 활용하여 환자들을 치료했다는 소식이 곳곳에서 들려오기 시작했다. 1899년 1월 20일 베를린의 한 의사는 자신의 손가락에 박힌 유리 파편을 찾아냈고, 2월 7일에는 또 다른 의사가 환자의 머리에 박힌 탄환을 확인했다. 이 밖에도 X선의 실용성은 매우 높았는데, 이러한 공로를 인정받아 뢴트겐은 제1회 노벨물리학상을 수상했다.

X선 사진은 광선이 투과하는 방향으로 흡수된 광량을 적분한 결과를 보여준다. 단 투과방향으로는 위치를 구별할 수 없다. 종양을 발견하더라도 어느 정도의 깊이에 있는지 정확히 알 수 없다는 뜻이다. 이를 알기 위해서는 다른 방향에서 촬영을 해야 한다. 하지만 다른 방향으로 찍어도 인체 내부를 한 장의 평면 사진으로밖에 확인할 수 없는 것이 바로 X선 촬영이다. 따라서 인체 내부의 3차원 분포를 파악하기 위해서는 다른 수단이 필요했다.

2차원 이미지를 적분하라, CT

토모그래피tomography는 '단층'이라는 의미의 'tomos'와 '새기다'라는 의미의 'graphy'가 합성된 단어로 단층촬영이라는 뜻이다. 계산량이 많아 컴퓨터를 써서 분석하므로 컴퓨터단층촬영computer tomography, 줄여서 CT라 한다. X선을 비롯해 투과성이 있다면 어떤 광원이라도 사용할 수 있다. 일반인에게 CT는 주로 의료 분야의 용어로 익숙하지만 고고학, 양자정보학, 재료공학, 지구물리학 등 다양한 분야에서 널리 활용되고 있다.

앞에서 설명한 X선 촬영처럼 광선을 투과시켜 3차원 대상 물체로부터 2차원 이미지를 구하는 것은 그리 어렵지 않다. 방향을 바꿔가면서 얼마든지 원하는 만큼 여러 장의 이미지를 얻을 수 있다. 의료용 CT의 경우 침상 위에 누워 있는 환자를 위아래로 이송하는 동안 X선 촬영 기기가 링을 따라 회전하면서 여러 각도에서 사진을 촬영한다. 하지만 이렇게 촬영된 여러 장의 2차원 이미지로부터 거꾸로 3차원 정보를 계산하는 것은 수학적으로 그리 간단하지 않다.

CT의 적분 원리를 알아보기 위해서 뒷장의 그림과 같이 단순화된 신체 단면을 생각해보자. 신체 단면을 4×4의 격자로 나누었을 때 뼈(2)와 장기(1)가 그림과 같이 분포되어 있다고 가정하고 광선을 신체의 네 방향으로 투과하면 4장의 필름을 얻을 수 있다. 이때 필름에 나타난 영상을 사이노그램sinogram이라 한다. 사이노그램은 광선방향으로 합산된 광량의 적분 결과를 보여준다. 여기서 4장의 사이노그램에 나타난 적분 결과를 수학적으로 계산해서 신체 내부의 16개 격자값 $f(x, y)$를 알아낼 수 있다. 쉽게 얘기해서 합산된 16개의 방정식을 풀어 16개의 미지수를 계산하는 과정이라 생각하면 된다.

실제 CT의 경우도 해상도를 높이기 위해 신체 단면을 작은 격자로 나누어야 한다. 다만 미지수가 많아지기 때문에 여러 각도에서 훨씬 많은 사이노그램을 찍어야 한다. 또 광선이 통과하면서 흡수되는 광량이 단순 합산이 아니라 지수적으로 감소하는 형태로 나타나기 때문에, 여기서부터는 다루기 어려울 정도로 적분 수식이 복잡해진다.

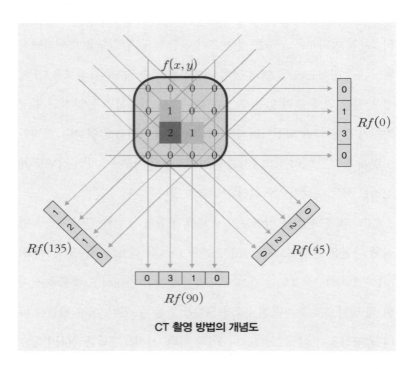

CT 촬영 방법의 개념도

간단히 이야기하면 이는 수학적인 변환과 역변환의 과정으로 이해할 수 있다. 신체 내부의 각 격자값 $f(x, y)$가 주어졌을 때 투과된 광선이 적분되면서 Rf 결과로 나타나는 과정을 라돈 변환Radon transform이라 하고, 라돈 변환을 거꾸로 적용하여 도로 격자값 $f(x, y)$를 끄집어내는 것을 라돈 역변환inverse Radon transform이라 한다. CT란 촬영된 여러 장의 2차원 사이노그램을 라돈 역변환하여 신체 내부의 3차원 공간정보로 재구성하는 알고리즘이라 할 수 있다. 여기에 적분과 관련되어 엄청나게 많은 수학적 계산이 수반된다.

단층촬영의 원리는 1917년 오스트리아 수학자 요한 카를 아우구스트 라돈Johann Karl August Radon이 X선 촬영의 단점을 보완하기 위해서 처음으로 제시했다. 하지만 당시에는 이를 실현할 수 있는 장치나 기술이 없어 상용화 단계에 이르지 못했다. 그로부터 60년 정도가 흐른 뒤 물리학자 앨런 매클레오드 코맥Allan MacLeod Cormack이 이론적 기초를 구축하고, 전기공학자 고드프리 뉴볼드 하운스필드Godfrey Newbold Hounsfield가 드디어 CT를 개발하면서, 인체 내부를 영상으로 확인하고 인체의 모든 부위를 정밀 진단할 수 있게 되었다. 코맥과 하운스필드는 그 공로를 인정받아 1979년 노벨 의학·생리학상을 공동 수상했다.

이 모든 기술 발전의 바탕이 되는 적분의 개념을 세상에 널리 알린 아르키메데스의 죽음은 허망했다. 제2차 포에니전쟁 때 카르타고의 편에 섰던 시라쿠사는 로마와의 전쟁에서 패하고 만다. 시라쿠사에 살고 있던 아르키메데스는 도시가 함락되던 날, 모래 위에 도형을 그리

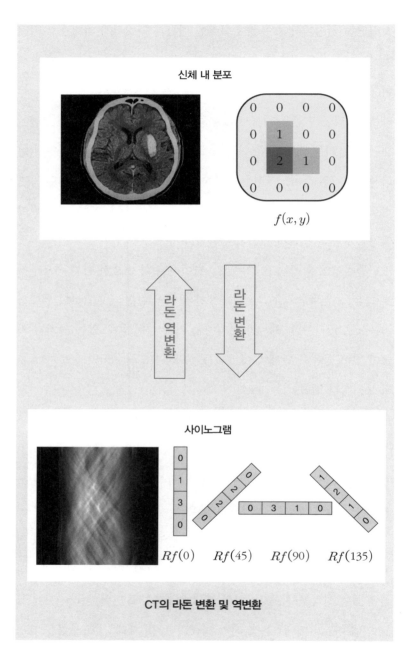

신체 내 분포

$f(x, y)$

사이노그램

$Rf(0)$ $Rf(45)$ $Rf(90)$ $Rf(135)$

CT의 라돈 변환 및 역변환

며 기하학 연구에 몰두하고 있었는데 한 로마 병사가 다가왔다. 깜짝 놀란 아르키메데스는 소리쳤다. "물러서거라, 내 도형이 망가진다."

당시 시라쿠사로 진격했던 로마 군대의 장군 마르쿠스 클라우디우스 마르켈루스Marcus Claudius Marcellus는 아르키메데스의 명성을 익히 알고 있었고 모든 병사에게 아르키메데스를 해치지 말라고 명해놓은 상황이었다. 하지만 아르키메데스를 몰라본 로마 병사는 결국 그를 죽이고 만다. 상심에 빠진 마르켈루스는 애도하는 마음에서 아르키메데스의 유언을 들어주기로 한다. "구에 외접하는 원기둥의 부피는 그 구 부피의 1.5배다"라는 그의 발견을 묘비에 새기고 장례식을 성대하게 치러준 것이다.

∴

대용량 데이터 압축이 가능해진 비결, 푸리에 변환

디지털 용량은 1과 0이라는 하나의 비트bit에서 시작해서 바이트byte가 되고, 바이트가 100만 개, 10억 개, 1조 개가 모여서 메가바이트megabyte, MB, 기가바이트gigabyte, GB, 테라바이트가 된다. 오늘날 데이터, 특히 동영상 데이터가 차지하는 저장 용량은 매우 커졌다. 음성 데이터만 하더라도 사람의 귀가 소리로 느낄 수 있는 음파의 주파수 영역인 20킬로헤르츠까지 포함하려면 그 2배 이상의 속도로 샘플링해야 한다. 즉 초당 4만 개 이상의 데이터가 필요하다. 100만 화소의 비트맵 그림파일 하나를 24비트로 저장하면 3메가바이트 정도를 차지한다. 초속 30프레임의 동영상을 실시간으로 보내려면 초당 90메가바이트, 즉 초속 9,000만 바이트의 속도로 데이터를 전송할 수 있어야 한다. 이 많은 데이터를 저장하거나 실시간으로 송수신하기 위해서는 데이터를 압축하는 기술이 절대적으로 필요하다.

데이터 압축에는 여러 방식이 있다. 데이터를 일일이 저장하지 않고 반복 출연 여부와 반복 횟수를 함께 저장하는 방식과, 데이터 출현 빈도에 따라 코드 길이를 달리하는 허프만 부호화 방식Huffman encoding이 있다. 그런데 이 두 방식은 원시 데이터의 손실 없이 용량을 줄이지만 압축률이 그리 높지 않다.

반면에 약간의 데이터 손실은 있지만 압축률이 매우 높은 방법이 있다. 바로 푸리에 변환이다. 푸리에 변환은 원래 미분방정식을 풀기 위해 고안된 수학적 변환 중 하나로, 미적분 개념으로 이해할 수 있다. 푸리에 변환 방식은 데이터를 하나씩 저장하는 것이 아니라, 신호처럼 주파수와 진폭으로 변환해 주기함수의 조합으로 저장한다. 최근 압축 기술은 대부분 푸리에 변환 방식과 다른 압축 방식을 함께 사용하고 있다.

파동의 형태 그리고 합쳐지는 방식

상상하기 쉽지는 않겠지만, 주파수라는 변수를 써서 신호를 잘게 분해하거나 합치는 것을 생각해보자. 프리즘을 써서 백색광을 무지개 색깔로 분해하는 것처럼 다양한 소리나 빛에 들어 있는 성분들을 주파수별로 구분하는 것이다.

하나의 소리굽쇠는 일정한 음높이의 소리를 만들어낸다. 소리와 빛은 모두 파동인데, 파동의 특성은 주파수와 진폭amplitude으로 나타낼 수 있다. 주파수(f)에 따라 음의 높낮이가 결정되고 진폭(A)에 따라 소리의 강도가 결정된다. 큰 소리굽쇠는 낮은 주파수, 즉 저음을 만들고, 작은 소리굽쇠는 고음을 만든다. 세게 치면 진폭이 큰 소리, 살살 치면 진폭이 작은 소리가 난다. 2개의 소리굽쇠를 동시에 치면 두 소리굽쇠의 소리가 합쳐진다. 소리굽쇠는 각각 고유한 주파수를 가지고 있는데, 두드리는 강도에 따라서 다양한 조합이 만들어진다. 크고 작은 여러 개의 소리굽쇠가 동시에 울릴 때 발생하는 파형은 각각의 소리굽쇠에서 발생하는 단순 정현파를 모두 합친 복잡한 파형이 된다. 빛의 경우 여러 색의 단색 파장을 합치는 것도 마찬가지다.

이 파형을 식으로 표현하면 다음과 같다. 이것이 공과대학 수학 시간에 배우는 푸리에급수Fourier series다.

$$f(t) = A_1 \sin 2\pi f_1 t + A_2 \sin 2\pi f_2 t + \cdots$$

다시 말해 단순 파형을 합쳐서 복잡한 파형을 만들 수 있다. 거꾸로 생각하면, 아무리 복잡한 파형이라도 여러 개의 단순 파형으로 분해할 수 있기도 하다.

고속 푸리에 변환이 나오기까지

장 밥티스트 조제프 푸리에Jean Baptiste Joseph Fourier는 19세기 초 프랑스의 물리학자이자 수학자로, 열전도에 관해 연구하는 과정에서 푸리에급수를 고안했다. 바로 열전도 문제를 풀기 위해서였다.

특정 주파수를 갖는 몇 개의 소리굽쇠가 아니라, 주파수가 미세하게 다르고 연속적인 무한개의 소리굽쇠를 생각해보자. 연속적인 공간

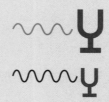

$$y_1 = \sin t$$

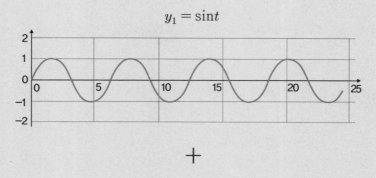

$$+$$

$$y_2 = 0.6\sin 2t$$

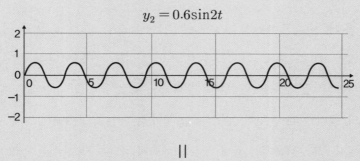

$$=$$

$$y = y_1 + y_2 = \sin t + 0.6\sin 2t$$

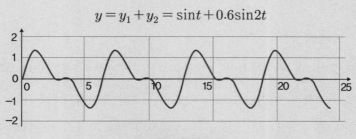

두 사인파형의 중첩

에서 적분할 때 dx를 무한소로 잘게 나누어 모두 합치는 것처럼, 불연속적인 정수 배의 주파수가 아니라 연속적인 주파수 $d\omega$로 잘게 나누어 모두 합치는 것이 바로 푸리에 변환이다. 연속적인 주파수로 나누면 주기함수뿐 아니라 비주기함수에도 모두 적용할 수 있다. 또 푸리에 변환은 소리뿐 아니라 모든 형태의 파동이나 신호에 적용된다.

$$\text{푸리에 변환 } F(j\omega) = \int_{-\infty}^{\infty} f(t)e^{-j\omega t}dt$$

$$\text{푸리에 역변환 } f(t) = \frac{1}{2\pi} \int_{-\infty}^{\infty} F(j\omega)e^{j\omega t}d\omega$$

푸리에 변환을 통해서 신호를 연속적인 주파수 대역으로 분해하고, 반대로 역변환을 통해서 주파수 대역의 신호를 시간 대역의 파형으로 복원할 수 있다. 이를 스펙트럼 분석spectrum analysis이라 하는데, 신호 처리, 필터 설계, 음향학, 광학, 진동 해석 등 다양한 분야에서 널리 활용되고 있다. 최근에는 영상 처리와 데이터 압축의 핵심 기술로 자리 잡았다.

푸리에 해석은 미분방정식을 풀기 위한 방법 중 하나로 수학자들에게는 흥미로운 관심거리이지만, 공대생들에게는 골치 아픈 수학 시험 문제 이상의 별 의미는 없었다. 앞에서 설명한 푸리에 수식은 복잡할 뿐 아니라 수치를 써서 적분하는 데 너무나 많은 시간이 소요되기 때문이다. 1965년 미국의 제임스 쿨리James Cooley와 존 튜키John Tukey는

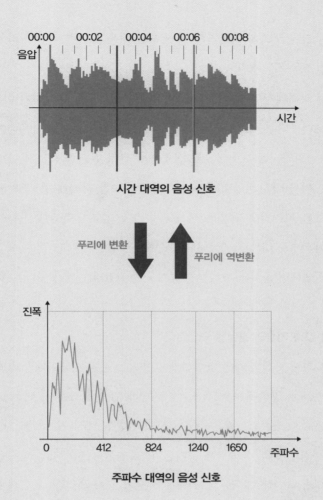

시간 대역의 음성 신호

푸리에 변환

푸리에 역변환

주파수 대역의 음성 신호

푸리에 변환에 관한 지루하고 반복적인 적분 숙제를 하다가 시간을 획기적으로 줄일 수 있는 고속 알고리즘을 개발했다. 다름 아닌 고속 푸리에 변환Fast Fourier Transform, FFT이다. 현재 사용되는 대부분의 스펙트럼 분석은 이 알고리즘에 기초하고 있다. 디지털 통신과 신호 처리의 기본인 고속 푸리에 변환 덕분에 오늘날 대용량 고속 영상 처리와 데이터 압축이 가능해진 것이다.

고속 푸리에 변환이 개발되기 이전에는 주파수를 분석하기 위해서 명품 오디오나 스펙트럼 분석기 같은 고가의 하드웨어를 사용해야 했다. 이 전자장비들은 아날로그 신호를 수신해 진공관 등 복잡한 전자회로를 써서 실시간으로 전자 신호와 주파수를 분석해 하드웨어적으로 신호를 처리하고 잡음을 제거했다. 하지만 고속 푸리에 변환이 개발된 이후에는 디지털 데이터를 단순 연산 처리하는 과정을 통해 저렴하게 스펙트럼 분석과 필터링 기능이 가능해졌다.

데이터 압축 기술의 발달을 견인하다

현재 푸리에 분석이 가장 활발하게 응용되는 분야는 데이터 압축 분야다. 영상파일 압축에는 푸리에 변환의 일종인 이산 코사인 변환discrete cosine transform을 주로 활용한다. 코사인 변환을 해서 이미지를 저장하고, 역변환을 해서 이미지를 불러온다. jpeg, mpeg와 같은 익숙한 압축 형태가 여기에 해당한다. 인터넷 속도가 느릴 때 지도나 그림 등이 다운로드되는 과정을 보면, 처음에는 블록별로 전체적인 윤곽이 희미하게 나타나고 차츰 디테일이 살아나는 것을 볼 수 있다. 저주파의 커다란 코사인함수가 먼저 전송된 다음에 고주파의 세밀한 코사인함수들이 전송되기 때문이다.

영상 엔지니어들은 1972년 《플레이보이Playboy》에 실린 사진 하나

50년 전의 인터넷 영부인 레나

를 시험용 이미지로 애용해왔다. 이미지 파일의 음영, 디테일, 평면, 질감 등 시각적 요소들이 골고루 잘 들어가 있어서 지도, 그림 등의 화상 처리 알고리즘을 시험하기에 안성맞춤이었기 때문이다. 이 사진의 주인공은 레나Lena라는 이름의 스웨덴 여성으로 '인터넷 영부인'이라고 불리고 있다. 후에 레나는 자신의 사진이 엔지니어들 사이에서 유명해진 사실을 알게 되었고 관련 학회에 특별 손님으로 초청되기도 했다.

지금까지 살펴본 것은 푸리에 변환의 활용 중 빙산의 일각에 불과하다. 푸리에 변환은 데이터 압축을 넘어 회로 설계, 스마트폰 신호, 자기공명영상Magnetic Resonance Imaging, MRI, 양자역학 등 다양한 분야에서 쓰이고 있다.

디즈니 영화가
전 세계를 사로잡는 법
나비에 – 스토크스 유동 방정식

1985년, 스티브 잡스Steve Jobs는 10년 전 자신이 창업한 애플에서 쫓겨났다. 최초의 개인용 컴퓨터 애플 I과 애플 II를 잇달아 성공시켰지만, 그 이후로 이어진 몇 차례의 부진한 실적 때문에 회사가 위기에 빠졌다는 것이 이유였다.

　잡스는 애플을 떠나면서 유능한 직원들을 데리고 나가 보란 듯이 컴퓨터 운영체제 개발 회사 넥스트NeXT를 세웠고, 1986년에는 픽사PIXAR를 1,000만 달러에 인수했다. 픽사는 원래 〈스타워즈Star Wars〉 등을 찍은 조지 루카스George Lucas의 회사 루카스필름의 자회사로, 루카스필름에서 나오는 영화의 그래픽 업무와 애니메이션 제작을 담당하는 곳이었다. 당시 픽사는 미래 자신들의 마스코트가 될 룩소 주니어Luxo Jr.가 등장하는 애니메이션 〈룩소 주니어Luxo Jr.〉를 제작했다. 그리고 〈룩소 주니어〉는 당대 CG 분야의 세계 최대 규모 콘퍼런스인 시그라프SIGGRAPH에서 최우수상을 수상하고 오스카 단편 애니메이션상 후보에도 올랐다.

　〈룩소 주니어〉의 기술적인 부분과 높은 창작적 완성도에 매료된 잡스는 픽사를 인수해 애니메이션 제작을 맡기고 제작비 30만 달러를 투자했다. 그 첫 작품이 바로 장난감들을 주인공으로 한 1988년 애니메이션 〈틴토이Tin Toy〉다. 픽사는 이 작품에서 인간 캐릭터를 처음으로 시도했으며, 기존에는 CG로 구현할 수 없었던 그림자, 방바닥, 소파 등을 선보여, 3D 단편 애니메이션으로는 최초로 미국 아카데미 시상식에서 단편 애니메이션상을 받았다. 하지만 픽사는 잡스에게 골칫거리였다. (당시 넥스트도 크게 다르지 않았지만) 픽사는 작품성을 인정받는 작품들을 내놓았음에도 여전히 수익을 내지 못하고 있었기 때문이다.

이 모든 상황을 뒤바꾼 것은 단 한 편의 애니메이션이었다. 바로 1995년에 개봉한 〈토이 스토리Toy Story〉다. 〈토이 스토리〉의 시사회가 시작되고 일주일 후 잡스의 주식 가치는 한화로 약 1조 3,500억 원이 되었으며, 이 영화는 총제작비의 10배가 넘는 3억 6,000만 달러라는 수익을 거둬들인다. 그 뒤로 〈벅스 라이프A Bug's Life〉 〈몬스터 주식회사Monsters, Inc.〉 〈니모를 찾아서Finding Nemo〉 등이 잇달아 흥행에서 성공을 거두며 세계적인 애니메이션 스튜디오로 성장한 픽사는 2006년에 디즈니가 74억 달러, 한화로 약 7조 4,000억 원에 인수한다. 그리고 잡스는 10여 년 만에 애플로 돌아간다.

픽사의 성공 비결에는 장편 애니메이션을 제작할 비용을 투자해준 디즈니도 있었지만 잡스가 채용한 수학자와 전산 과학자들의 공도 있었다. 〈토이 스토리〉는 100퍼센트 CG로 만든 세계 최초의 극장용 장편 애니메이션이다. 개봉 당시 사람들은 액션이나 인물에서 전혀 이질감을 주지 않는 이 새로운 영상에 열광했다. 모두 픽사의 수학자와 전산 과학자들이 눈송이, 해일 같은 '움직이는' 자연현상을 자연스럽게 구현해내기 위해 고안한 3D 애니메이션 기법과 해상도 조절 기법 덕분이었다. 그리고 이 모든 제작 과정 뒤에는 하나의 미분방정식이 있다.

유체 변화를 가장 잘 표현한 방정식

파도가 치고 바람이 부는 등 유체(액체와 기체를 아우르는 용어)의 움직임은 우리 주변에서 늘 일어난다. 유체가 복잡하고 변화무쌍하게 움직이는 현상은 흥미로운 관찰의 대상이었고 예술 작품에서도 어렵지 않게 찾아볼 수 있다.

빈센트 반 고흐Vincent van Gogh의 〈별의 빛나는 밤The Starry Night〉은 와류(소용돌이) 형태로 부는 바람을 상징적으로 보여주고 있으며, 일본 에도시대 목판화가 가츠시카 호쿠사이Katsushika Hokusai의 〈가나가와 해변의 높은 파도 아래The Great Wave off Kanagawa〉는 날카로운 발톱을 세우고 있는 듯한 생동감 넘치는 파도를 잘 묘사하고 있다. 일찍이 레오나르도 다빈치Leonardo da Vinci 역시 유체의 흐름에 호기심을 가지고 과학자의 눈으로 본 유체의 와류 움직임과 관련된 스케치를 많이 남겼다.

유동 현상에 대한 수학적 해석은 18세기부터 시도되었다. 나비에-스토크스 유동 방정식Navie-Stokes' equations이 등장하기 전에 유체의 흐

반 고흐의 작품(왼쪽)과 가츠시카 호쿠사이의 작품(오른쪽)

름을 설명하는 대표 미분방정식은 오일러 방정식Euler equations이었다. 오일러 방정식은 유체의 점성이나 마찰 손실을 무시하고 이상적인 유체 흐름을 다루기 위해 단순화된 방정식이다.

하지만 모든 유체는 점성을 가지고 있다. 대표적으로 꿀, 기름 같은 끈적끈적한 유체를 점성이 높다고 한다. 그렇기 때문에 오일러 방정식은 실제 유체의 움직임을 설명하는 데 한계가 있다.

나비에-스토크스 유동 방정식의 등장

점성이 있는 유체의 실제 움직임을 설명하는 미분방정식은 19세기 말에 이르러서야 유도되었다. 바로 나비에-스토크스 유동 방정식, 일명 N-S 방정식이다. 프랑스의 공학자 클로드 루이 마리 앙리 나비에Claude Louis Marie Henri Navier가 오일러 방정식을 발전시켜 점성의 효과를 고려한 방정식을 만들어냈고, 영국의 수학자 조지 가브리엘 스토크스George Gabriel Stokes가 이 방정식의 수학적 완성도를 높였다.

유체의 속도 분포를 구하기 위한 N-S 방정식은 압력, 점성력, 중력 등 유체에 작용하는 힘과 가속도의 관계로부터 유도된 비선형 편미분 방정식nonlinear partial differential equation이다.

$$\rho\left(\frac{\partial \vec{v}}{\partial t}+\vec{v}\nabla\vec{v}\right) = \nabla P + \mu\nabla^2\vec{v} + \rho\vec{g}$$

한마디로 $F=ma$라는 뉴턴의 법칙을 연속적으로 흐르는 유체에 적용한 미분방정식이다. 3차원 공간 내에서 시간에 따른 유속의 변화를 결과로 얻는다. 여기서 ρ는 유체의 밀도, μ는 점성계수, P는 압력 그리고 g는 중력가속도다.

유체의 움직임에 영향을 끼치는 복잡한 요인들을 모두 반영하다 보니, N-S 방정식은 수학적 관점에서 매우 흥미로운 방정식이 되었다. 실력 있는 수학자들이 관심을 가질 요소들이 빠짐없이 들어 있기 때문이다. 먼저 단독이 아닌 연립방정식이고, 선형이 아닌 비선형 방정식이며, 상미분이 아닌 편미분방정식이다. 최고차항이 2차이기 때문에 N-S 방정식은 '연립 2차 비선형 편미분 방정식'이라 할 수 있다. 수학을 조금 아는 사람은 알겠지만, 미지수가 하나일 때보다 여러 개가 연립되어 있으면 수십 배 어려워지고, 선형적 관계가 아닌 비선형 문제는 선형보다 수백 배 어려우며, 독립변수가 여러 개인 편미분방정식 문제는 독립변수가 1개인 상미분방정식에 비해 수천 배 또는 그 이상 어렵다.

2000년 미국의 클레이수학연구소는 밀레니엄 7대 난제를 발표하고, 각각의 문제에 100만 달러의 상금을 걸었다. 그 문제 중 하나가 바로 N-S 방정식이다. 20년이 지난 지금까지도 이 문제의 완전해exact solution를 제시한 사람은 없다.

N-S 방정식의 완전해는 구할 수 없지만, 간단한 유동에 대해서는 일부 이론해theoretical solution(쉽게 수학식으로 표현되는 해)가 존재한다. 특히 시간에 따라서 변화하지 않는 1차원 층류laminar flow 유동 등 단순한 유동에 대해서는 쉽게 이론해를 구할 수 있다. 여기서 층류 유동이란 얌전하게 층을 형성하며 흐르는 유동으로, 살살 튼 수돗물처럼 규칙적이고 매끈한 유동을 말한다. 하지만 대부분의 유동은 제멋대로 불규칙하게 움직이는데, 이를 난류turbulence라 한다. 물이 콸콸 쏟아져 나오는 유동이나 흩어지는 담배연기 등 주변에서 흔히 볼 수 있는 현상이 여기에 해당한다.

이론해 중 하나의 예가 하겐-푸아죄유 흐름Hagen-Poiseuille flow이다. 독일의 수리공학자 고트힐프 하인리히 루트비히 하겐Gotthilf Heinrich Ludwig Hagen과 프랑스 혈류학자 장 레오나드 마리 푸아죄유Jean Lèonard Marie Poiseuille는 원형 관로 내 층류 유동을 해석했다. 원형 관로 내 층류 유동은 중심에서 속도가 가장 빠른 포물선 형태의 유속 분포를 보인다. 수도관 내의 물 흐름이나 혈관 내의 피 흐름을 이와 동일하게 해석할 수 있다.

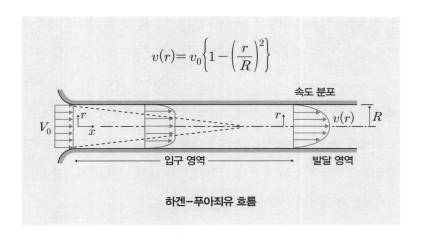

$$v(r) = v_0 \left\{ 1 - \left(\frac{r}{R} \right)^2 \right\}$$

하겐-푸아죄유 흐름

이런 식으로 방정식의 완전해 없이도 우리는 이 방정식을 곳곳에서 활용하고 있다. 항공기나 선박을 설계하거나 대기와 해양을 연구하고 오염물질의 확산을 예측하는 등 물리학, 기상학, 해양학, 기계공학, 화학공학, 토목공학, 심지어 천체학에 이르기까지 폭넓게 응용하고 있다. 무엇보다 이 장에서 주요하게 다루는 CG 기술의 핵심 수학이 바로 N-S 방정식이다.

해가 없는 방정식을 활용하라! 전산유체역학

그렇다면 아직 이론해조차 밝혀지지 않은 방정식을 어떻게 활용할 수 있을까? 바로 컴퓨터를 써서 방정식의 근사해approximate solution 를 구하면 된다. 컴퓨터가 발달하면서 더 이상 수학식에 의존하지 않고 수치를 써서 유체의 동적인 움직임을 해석하는 방법들이 개발되었다. 그중 N-S 방정식을 컴퓨터로 수치해석하는 것을 전산유체역학Computational Fluid Dynamics, CFD이라 한다. 전산유체역학은 기상 예측이나 항공기 설계 등 다양한 실무 분야에서 널리 활용되고 있다. 잘 정립된 층류 유동에 대해서는 거의 완벽한 해석 결과를 구한다. 하지만 불규칙한 난류 유동과 같은 복잡한 현상에 대해 정확한 결과를 얻기 위해서는 추가적인 수학 모델이 필요하다.

수치해석이란 원래 미분방정식을 대수방정식 형태로 바꾸어 컴퓨터가 계산할 수 있도록 하는 방법이다. 전체 해석 공간을 작은 격자로 나누어 해석한다. 기본적으로 나누어진 각 격자를 대표하는 미지수들(속도값) 사이의 관계를 계산하는 것이다. 해석 방법에 따라서 유한차분법Finite Difference Method, FDM, 유한요소법Finite Elements Method, FEM, 유한체적법Finite Volume Method, FVM 등이 있다. 공간을 세밀하게 분해하기 위해서는, 즉 해상도를 높이기 위해서는 격자를 가능한 한 작게 나누어야 하는데, 격자가 작아질수록 미지수 개수가 증가하므로 컴퓨터 연산량이 많아진다. 특히 기상 예측의 경우, 커다란 기단의 움직임뿐 아니라 국지적인 회오리바람까지 다룰 때 엄청나게 많은 격자가 만들어지기 때문에 커다란 메모리 용량과 빠른 연산 속도를 갖춘 슈퍼컴퓨터가 필요하다.

큰 소용돌이부터 작은 와류까지 스케일이 다른 유동들이 복합되어 나타나는 것은 난류 유동의 특성 중 하나다. 흐르는 계곡물을 보면 전체적인 흐름에 더해 돌멩이 주위의 수많은 작은 와류가 섞여 있다. 물에 잉크를 떨어뜨리면 잉크 방울이 점점 미세한 와류로 캐스케이드 cascade(연속적 회전을 일으키며 점점 작게 분산되는 것)되는 것을 관찰할 수 있다. 컴퓨터 성능만 뒷받침된다면 이 아주 작은 와류까지 포함할 수 있는 미세한 크기의 격자를 써서 시간 변동에 따른 난류 섭동攝動까지 엄밀하게 해석할 수 있다. 이러한 난류 시뮬레이션을 직접수치모사Direct Numerical Simulation, DNS라 한다. 하지만 엄청난 계산량 때문에 아직까지 특수 연구 목적 외에 현실적으로 활용하기는 어렵다.

전산유체역학에는 공간을 격자로 분할해서 유동장을 해석하는 오일러 방법이 주로 쓰이지만, 유체를 개별 입자로 해석하는 방법도 사용된다. 바로 프랑스의 수학자이자 천문학자인 조제프 루이 라그랑주Joseph Louis Lagrange가 개발한 라그랑주 방법Lagrange method이다. 라그랑주 방

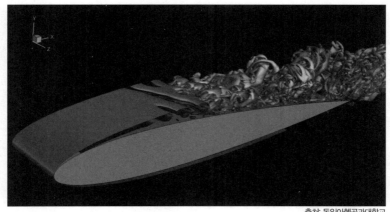

출처: 독일아헨공과대학교

비행기 날개 단면에 관한 직접수치모사

법은 연속적으로 흐르는 유동이 아닌 물방울이 튀는 현상이나 연기 입자가 공기 중으로 확산되는 현상 등을 시뮬레이션하는 데 적합하다.

우리가 사물을 관찰할 때도 상황에 따라서 라그랑주 방법과 오일러 방법을 그때그때 알맞게 사용하고 있다. 사실 우리에게는 대상 물체를 따라가면서 관찰하는 라그랑주 방법이 더 익숙하다. 자동차나 우주선을 관찰할 때 우리 눈은 당연히 대상 물체를 따라간다. 속도나 가속도를 이야기할 때 대상 물체의 시간에 따른 변화를 염두에 두듯이, 뉴턴의 가속도의 법칙과 같은 방정식을 유도할 때나 적용할 때 모두 관찰 대상을 지정해놓는다. 반면에 오일러 방법에 따르면 눈을 특정한 대상 물체가 아니라 공간 한곳에 고정해놓고 현상의 움직임을 관찰한다. 풍속을 잴 때는 특정 공기 입자를 따라가면서 속도를 측정하는 게 아니라 풍속계가 설치된 지점을 통과하는 서로 다른 공기 입자들의 속도를 재는 것이다. 관찰 대상이 명확하지 않은 유체역학 문제에서 흔히 사용하는 방법이다. 우리가 전기장, 자기장, 속도장, 압력장, 중력장 등과 같이 장field이라는 표현을 많이 쓰는데, 공간을 중심으로 하는 오일러 방법에 따른 것이다.

오일러 방법은 차량의 흐름에도 적용된다. 교통방송에서 출근길 한강 다리를 통과하는 차량의 속도를 안내할 때는 어느 특정 차량의 속도가 아니라 고정된 카메라에 찍히는 특정되지 않은 여러 차량의 오일러 속도를 기준으로 삼는다. 아홉 시에 시속 20킬로미터이던 주행 속도가 정체가 풀리면서 열 시에 시속 30킬로미터로 빨라졌다는 것은 어

라그랑주 방법과 오일러 방법

배를 타고 강폭이 좁아지는 곳에 들어서면 속도가 점점 빨라진다. 하지만 강둑에 서서 낚시를 하는 사람 입장에서는 해당 지점의 강물 속도가 변화하지 않는다. 대상을 따라가면서 관찰하느냐, 아니면 고정한 지점에서 관찰하느냐의 차이다.

느 특정 차량이 라그랑주 관점에서 가속을 받은 것과는 전혀 다른 얘기다. 오일러 방법과 라그랑주 방법에 대한 관점의 차이를 이해하면 유용하다.

유동 방정식을 활용한 수학자, 오스카상을 받다

기상 예측이나 비행기 설계와 같은 공학적인 목적으로 활용되는 전산

유체역학의 주요 목표는 결과의 정확도를 높이는 것이다. 하지만 게임이나 영화에서 필요로 하는 유동 시뮬레이션은 정확성보다는 최대한 자연스럽게 보이도록 하는 것이 목표다. 실제로 최근 3D 애니메이션은 역동적인 물의 움직임과 더불어 물안개, 해수면의 물살, 폭발과 함께 피어오르는 연기와 불길, 눈덩이가 뭉쳐지거나 부서지는 장면 등을 실감 나게 연출한다. 이를 표현하는 데에는 난류 모델에 추가해서 표면장력 모델, 다상유동 모델, 연소 모델, 폭발 모델, 심지어 빙결 모델까지 다양한 수학적 모델이 사용된다.

해일이 치는 장면이나 물이 튀어오르는 유동처럼, 서로 충돌하거나 물체 표면과 상호작용하는 경우에는 오일러 방법보다 흩어지는 입자들을 따라가면서 모사하는 라그랑주 방법이 더 적합하다. 대표적인 라그랑주 방법 중 하나인 SPH Smoothed Particle Hydrodynamics 기법은 각 입자별 질량 분포를 정의하고 자유로이 움직이는 입자의 상호작용을 통해서 속도를 계산한다. 오일러 방법에 비해 식이 단순해 계산 속도가 빠르고 움직임이 자연스럽다. 최근 삼성역 사거리에 설치된 미디어 아트 〈웨이브 wave〉가 대표적인 예다. 해당 작품은 실제 물탱크 속에서 물이 요동치는 것과 같은 모습을 실감 나게 표현해 많은 사람의 관심을 받았다.

디즈니 애니메이션 〈겨울왕국 Frozen〉에서는 수학 모델을 이용해 생동감 있는 눈의 움직임을 표현했다. 주요하게 사용된 MPM Material Point Method 알고리즘은 입자를 개별적으로 보지 않고 연속체로 해석하는

출처: d'strict

SPH 기법으로 만든 미디어 아트 〈웨이브〉

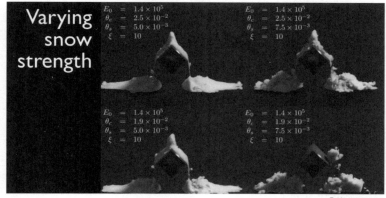

Varying snow strength

$$E_0 = 1.4 \times 10^5$$
$$\theta_c = 2.5 \times 10^{-2}$$
$$\theta_s = 5.0 \times 10^{-3}$$
$$\xi = 10$$

$$E_0 = 1.4 \times 10^5$$
$$\theta_c = 2.5 \times 10^{-2}$$
$$\theta_s = 7.5 \times 10^{-3}$$
$$\xi = 10$$

$$E_0 = 1.4 \times 10^5$$
$$\theta_c = 1.9 \times 10^{-2}$$
$$\theta_s = 5.0 \times 10^{-3}$$
$$\xi = 10$$

$$E_0 = 1.4 \times 10^5$$
$$\theta_c = 1.9 \times 10^{-2}$$
$$\theta_s = 7.5 \times 10^{-3}$$
$$\xi = 10$$

출처: SIGGRAPH

애니메이션 〈겨울왕국〉 제작기

데, 눈이 녹은 정도에 따라 눈이 가지는 물성의 변화를 고려하기에 최적의 모델이다. 이 덕분에 〈겨울왕국〉은 충돌 시 튕겨나가려는 탄성, 서로 응집하려는 점성, 눌려지는 압축성 등 여러 물성을 고려하여 전통적인 유체역학 모델로는 표현하기가 불가능했던 장면들을 만들어냈다. 눈 뭉치가 굴러가는 모습, 눈덩이들끼리 충돌하며 부서지는 모습, 눈이 녹아서 흘러내리는 모습 등을 성공적으로 시뮬레이션한 것이다.

수학 모델의 복잡도를 낮추면 계산 속도를 높여 실시간 시뮬레이션도 가능해지며 영화뿐 아니라 컴퓨터 게임에도 적용할 수 있게 된다. CG 장면을 현실감 있게 연출하기 위해 내부의 전체적인 유동은 기존의 전산유체역학을 통해 구하고, 작은 스케일의 난류 부서짐이나 표면 현상은 딥러닝을 통해서 구하는 하이브리드 방법을 사용하는 것이 요즘 추세이기도 하다. 거기에 그림자나 조명, 반사 등 시각적인 요소들을 외부에서 가져와(렌더링 rendering) 더욱 사실적으로 표현한다.

구체적인 방법들은 다르지만, CG의 발전 여부는 N-S 방정식을 얼마나 정교하고 정확하게 계산하는가에 달려 있다. 여기에는 내로라하는 수많은 수학자가 참여했다. 미국 캘리포니아대학교 로스앤젤레스 캠퍼스(UCLA)의 스탠리 오셔 Stanley Osher 교수는 2014년에 응용수학에 크게 기여한 바를 인정받아 국제수학자연맹이 주는 가우스상을 수상한 저명한 수학자다. 그는 1992년에 수학을 활용해 로스앤젤레스 지역에서 폭동이 발생했을 때 범죄자를 식별하는 데 큰 공을 세우기도 했다. 또한 특정 물체의 움직임 변화를 수학적으로 기술해내는 등위집합방법 level-set method을 개발해 CG 발전에 크게 기여했다. 전 세계에서 약 2조 원 이상을 벌어들인 영화 〈캐리비안의 해적 Pirates of the Caribbean〉 시리즈에 등장하는 거센 파도와 물줄기가 바로 그 예다.

오셔 교수의 제자이기도 한 스탠퍼드대학교 컴퓨터과학과 로널드 페드키우Ronald Fedkiw 교수 역시 CG 발전에 일조한 수학자로 유명하다. 특히 〈캐리비안의 해적〉뿐만 아니라 〈해리 포터와 불의 잔Harry Potter and the Goblet of Fire〉에서 용이 내뿜는 불 등을 사실적으로 표현하는 데 기여한 바를 인정받아 미국 아카데미 시상식에서 상을 두 번이나 받기도 했다.

최근에는 딥러닝을 활용한 유동 시뮬레이션 연구가 활발히 진행되고 있다. 물리적 모델과 달리 인공지능 모델은 현상이 일어나는 물리적 이유를 설명하지는 못하지만, 학습을 통해서 결과가 어떻게 나타날지는 정확하게 예측할 수 있다. 또한 스케일이 큰 유동을 처리하기는 어렵지만, 표면에 나타나는 현상에 대해서는 사실에 가깝게 표현할 수 있다. 눈에 보이는 유체 움직임에 관한 실시간 동영상이나 데이터를 쉽게 구할 수 있기 때문에 AI 모델을 학습시키는 데 큰 어려움은 없다. 원하는 조건에서 구한 전산유체역학의 결과를 학습 데이터로 활용할 수도 있다. N-S 방정식은 아직 완전해가 밝혀지지 않았음에도 AI를 만나 그 활용도가 끝없이 확산되고 있다.

:

자연현상을 설명하는 미분방정식들

공학자들은 물리현상을 규명하고 공학적 해결 방안을 검증하기 위해 시뮬레이션을 수행한다. 통상적인 시뮬레이션은 과학 원리에 따라서 관련 지배 방정식을 유도하고 수학적으로 또는 수치해석적으로 해를 구하는 과정을 통해 이루어진다. 우주선의 궤적을 구하기 위해 뉴턴의 가속도의 법칙을 적용하고, 전자기장의 흐름을 파악하기 위해 맥스웰 방정식Maxwell's equations을 적용하는 식이다.

이렇게 유도된 방정식은 문제가 간단한 경우에 덧셈, 뺄셈, 곱셈, 나눗셈 등의 대수방정식 형태로 주어지기도 하지만 대부분은 미분방정식 형태로 주어진다. 대수방정식이란 미지수가 포함된 수식을 말한다. 예를 들어 '학과 거북이의 합은 5마리이고 다리 개수를 모두 합치면 16개일 때 학과 거북이는 각각 몇 마리인가'라는 학구산鶴龜算 문제와 같이 현재의 어떤 상태를 연관 짓는 방정식을 말한다. 이에 비해 미분방정식은 현재의 상태와 변화율의 관계를 연관 짓는 방정식이다. 예를 들

과학자들의 눈에 비친 세상

어 시간이 지나면서 커피가 식는 문제는 현재 온도와 냉각 속도, 즉 온도의 변화율 사이의 관계를 나타낸다. 외부로 빼앗기는 열량은 커피의 현재 온도에 따라 결정되고, 빼앗긴 열량만큼 커피의 온도는 내려간다. 커피 온도가 내려가면 빼앗기는 열량은 감소하고 그만큼 냉각 속도는 점점 느려진다. 커피가 처음에는 빨리 식다가 식는 속도가 점점 둔화되는 이유다. 냉각 과정을 설명하는 미분방정식을 풀면 커피 온도를 시간의 함수로 구할 수 있다.

고등학교 때 미적분을 배우지만 미적분항이 들어가 있는 미분방정식은 배우지 않는다. 단지 미분하는 법이나 적분하는 법을 배울 뿐이다. 미분방정식은 대학교에서 배우는데, 자연과학이나 공학은 물론이고 경제학이나 사회학에서 미분방정식을 매우 비중 있게 다룬다. 미분방정식은 과학법칙에 따라 자연현상을 시뮬레이션하고, 경제 모델을 만들어 전망을 하는 등 현재를 이해하고 미래를 예측하기 위한 필수적인 수학 도구이기 때문이다.

여기서 가장 유명한 미분방정식 몇 개를 소개한다.

맥스웰 방정식

맥스웰 방정식은 전자기장과 자기장의 관계를 설명하는 4개의 편미분방정식이다. 기존에 별개로 존재하던 가우스의 법칙Gauss's law, 가우스 자기법칙Gauss's law for magnetism, 패러데이 전자기 유도법칙Faraday's law of electromagnetic induction, 앙페르 회로법칙Ampère's circuital law 등 4개의 법칙을 조합하여 하나의 형태로 일관성 있게 묶었다.

맥스웰 방정식의 처음 2개는 전기장과 자기장이 보존된다는 가우스 자기법칙과 가우스의 법칙을 설명한다. 전기의 경우 음전하와 양전하가 별개로 존재하며 이들 전하에 의해서 전기장이 발생한다. 전하가 존재하지 않는 공간에서도 전기장은 보존된다. 하지만 자기의 경우에는 N극과 S극이 따로 분리된 자기홀극magnetic monopole으로 존재하지 않는다. 여기서 전기장이나 자기장과 같이 장이라고 하는 것은 전류나 자류를 흐르게 하는 전위나 자위 등 퍼텐셜potential이 분포하는 공간을 의미한다.

마지막 두 방정식은 그동안 별개의 현상으로 간주되던 전기장과 자기장의 상호 관련성을 설명한다. 자기장의 변화에 따라서 전기장이 생성되며, 반대로 전기장의 변화에 따라서 자기장이 생성된다. 다시 말해 3차원 공간 내의 전기장과 자기장이 따로 존재하는 것이 아니라 서로 대칭적이며 하나의 통합된 현상이라는 사실을 설명한다.

$$\nabla \cdot E = \frac{\rho}{\varepsilon_o}$$
$$\nabla \cdot B = 0$$
$$\nabla \cdot E = -\frac{\partial B}{\partial t}$$
$$\nabla \cdot B = \mu_o J + \varepsilon_o \mu_o \frac{\partial E}{\partial t}$$

여기서 미분을 수행하는 독립변수가 시간 t와 공간좌표 x, y, z로 여럿이기 때문에 상미분방정식이 아니라 편미분방정식이라 한다. 시간 미분은 $\frac{\partial}{\partial t}$의 형태로 나타나고, 공간 미분은 델($\nabla$)의 형태로 나타나 있다. 여기서 E는 전기장, B는 자기장, J는 자유 전류밀도, ρ는 자유 전하밀도다. 또 μ_o와 ε_o는 관련 상수다.

슈뢰딩거 파동방정식

슈뢰딩거 파동방정식Schrödinger wave equation은 양자역학적 관점에서 시간에 따른 물질의 상태를 설명하는 선형 편미분방정식이다. 고전역학에서 뉴턴의 운동방정식에 해당할 정도로 양자역학의 근간이 되는 방정식이다. 고전 물리학에서는 물체의 위치나 운동량과 같은 현실적인 물리량을 다루는 것과 달리 슈뢰딩거 방정식은 파동함수wave function라고 하는 다소 추상적인 함수를 다룬다. 이 방정식에 조건을 대입하면 전자와 같은 입자가 어떤 물리량을 가지고 운동하는지에 대한 파동함수를 구할 수 있다. 그런데 방정식의 해가 하나가 아니라 여러 개다. 원자 속에 들어 있는 전자에 대하여 에너지 레벨이 하나가 아니라 서로 다른 파동함수가 결과로 나타난다. 이 중에서 실제로 어떤 에너지를 갖게 될지는 알 수가 없다. 따라서 파동함수를 그 위치에서 전자가 발견될 확률로 해석할 수 있다. 슈뢰딩거 파동방정식은 양자화된 물질의 에너지 상태를 기술하며 미시의 세계에서 입자였던 전자가 파동이 된다는 사실을 설명한다.

$$i\hat{h}\frac{\partial \Psi}{\partial t} = -\frac{\hat{h}^2}{2m}\nabla^2\Psi + V\Psi$$

여기서 $\hat{h} = h/2\pi$이고 h는 플랑크 상수(양자역학의 크기를 나타내는 자연상수)다. 또 m은 질량, V는 위치 퍼텐셜이다. 파동함수를 시간 t로 미분한 좌변과, 2차미분함수인 $\nabla^2\Psi$와 함수 Ψ로 나타낸 우변의 관계를 나타낸다. 시간에 독립적인 슈뢰딩거 파동방정식의 경우에는 좌변이 0이 된다.

블랙숄즈 방정식

블랙숄즈 방정식Black-Scholes equation은 주식 거래 등에서 옵션의 가격을 예측하기 위한 편미분방정식이다. 무작위적인 가격 변동이 아인슈타인 방정식Einstein equations에 나오는 기체 분자의 불규칙한 운동과 유사하다는 점에 착안하여 유도되었다. 옵션이란 파생상품의 하나로, 미래 시점에 미리 정한 가격으로 구입할 수 있는 권리를 말한다. 미래의 가격은 아무도 알 수 없기 때문에 얼마나 정확하게 예측하느냐가 매우 중요하다. 매매 시점이 되었을 때 예상보다 가격이 더 오르면 싼값에 살 수 있으니 수익을 올릴 수 있고, 가격이 내려가면 오히려 손해를 보게 된다. 마치 출하를 앞둔 배추를 밭떼기로 미리 예약해두는 것과 같다. 단 해당 시점에 반드시 매매해야 하는 선물계약과 달리 옵션은 자신에게 불리한 경우 그 권리를 포기할 수 있다.

$$\frac{\partial F}{\partial t} + \frac{1}{2}\sigma^2 S^2 \frac{\partial^2 F}{\partial S^2} + rS\frac{\partial F}{\partial S} - rF = 0$$

이 식에 따르면 파생상품의 가격 F는 독립변수인 시간 t와 기초자산 가격 S에 따라 결정된다. 즉 독립변수가 2개인 편미분방정식이다. 여기서 r은 무위험 수익률, σ는 기초자산의 변동성이며 시간에 따라 변하지 않는 상수값으로 입력된다. 하지만 변동성 자체도 세월에 따라 변하고 방정식 자체가 확률에 근거하기 때문에 계산된 결과를 절대적인 것이 아니라 하나의 기댓값으로 이해해야 한다.

블랙숄즈 방정식은 금융의 영역을 넓히고 금융공학 발전에 커다란 기여를 했다. 파생상품의 가치 평가가 가능하게 되어 월가에는 많은 파생상품이 쏟아져 나왔으며, 덕분에 투자은행들은 천문학적인 수익을 올릴 수 있었다.

감염 확산 SIR 방정식

코로나19가 유행하면서 역학에 대한 관심이 높아졌다. SIR susceptible, infectious, recovered 모델은 역학에서 전염병의 확산을 설명하기 위한 가장 간단한 수학적 모델이다. 개체를 감염 대상군 susceptible과 감염군 infectious, 회복군 recovered 등 세 그룹으로 나누어 각각의 변화를 미분 방정식으로 표현한 것이다. 첫 번째 식은 신규 환자 수만큼 전체 대상이 줄어드는 것을 설명하며, 신규 환자 수는 감염 대상(S)과 전체 환자 수(I)의 곱에 비례하는 것으로 가정한다. 즉 대상이 많고 환자가 많으면 신규 환자가 많아진다는 뜻이다. 두 번째 식은 전체 환자 수는 신규 환자 수만큼 늘어나고, 회복된 환자 수만큼 줄어든다는 당연한 사실을 설명하며, 세 번째 식은 전체 환자 중 일정 비율이 회복된다고 가정한다.

$$\frac{dS}{dt} = -\beta SI$$

$$\frac{dI}{dt} = \beta SI - \gamma I$$

$$\frac{dR}{dt} = \gamma I$$

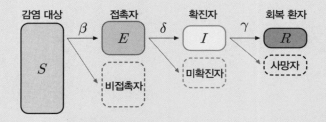

여기서 β는 감염률, γ는 회복률이다. 이 미분방정식은 미지 함수가 S, I, R이고 우변에 이들 미지 함수의 곱이 나타나 있으므로 비선형이고, 4개 방정식이 연립되어 있으므로 비선형 연립방정식이다. 또 미분 최고차항이 1차이고 독립변수가 시간 t 하나인 1차 상미분방정식이다. 따라서 비선형 연립 1차 상미분 방정식이다.

SIR 모델은 너무 단순하기 때문에, 여기에 감염된 개체가 바로 다른 개체에게 병을 옮기지 않는다는 점을 고려해서 노출군exposed을 추가한 SEIR 모델 등 더 복잡한 모델들도 개발되었다. δ는 노출군이 감염될 때까지의 기간을 뜻한다.

$$\frac{dS}{dt} = -\beta SI$$

$$\frac{dE}{dt} = \beta SI - \delta E$$

$$\frac{dI}{dt} = \delta E - \gamma I$$

$$\frac{dR}{dt} = \gamma I$$

이제 코로나19 덕분에 많이 익숙해진 역학 용어로 설명하면, S는 미감염자, E는 접촉자, I는 확진자, R은 회복 환자로 생각할 수 있겠다. 전체 감염 대상이 많고 확진자가 많을수록 일일 확진자 수는 비례해서 늘어나고 접촉자의 일정 비율이 확진자가 되며, 확진자의 일정 비율이 회복한다는 것을 설명한다. SEIR 모델에 나오는 β, δ, γ 등 변수를 실제 전염병 확산 상황에 맞도록 수정해가면서 예측 정확도를 높일 수 있다.

우리는 어떤 미래를 향해 나아가고 있는가?

미적분의 예측하는 힘

열심히 운동하고 땀 흘린 후 마시는 맥주 한 잔은 그렇게 시원할 수가 없다. 그중에서도 첫 모금은 누구에게도 양보하고 싶지 않을 정도로 소중하게 느껴진다. 완전히 가시지 않은 갈증을 해소하기 위해서 두세 잔을 연거푸 마시지만 첫 잔의 시원함만 못하다. 어지간히 마시고 나면 갈증도 해소되고 더 이상 마시고 싶지 않다. 한계효용 체감의 법칙law of diminishing marginal utility이 작동한 것이다. 재화나 서비스로부터 얻는 만족감을 효용이라 하는데, 첫 번째 효용이 가장 높고 계속될수록 점점 한계효용이 떨어지는 것을 설명하는 법칙이다.

한계효용, 가장 만족스러운 결과가 나오는 순간

한계라는 말은 영어로 'marginal'인데, 가장자리라는 뜻도 있지만 '미미한' 또는 '근소한'을 의미하며 '변화'라는 뜻을 내포하고 있다. 수학에서는 변화의 의미로 Δ를 써서 Δf와 같이 변화량을 나타내지만, 경제학에서는 종종 M을 써서 표현한다. 한계효용은 MUmarginal utility, 한계

비용은 MCmarginal cost, 한계이윤은 MPmarginal profit처럼 대상에 따라 다른 약자를 쓰지만 결국 함숫값의 변화량, 즉 Δf와 의미는 같다.

배가 고플 때 피자 한 조각을 먹으면 그렇게 맛있을 수가 없다. 이때 한계효용은 최고치가 된다. 그러나 피자를 한 조각씩 더 먹을 때마다 한계효용은 점점 떨어진다. 하지만 한계효용이 감소하더라도 총효용은 계속 증가한다. 즉 총효용은 한계효용을 적분한 것이고 총효용을 미분한 것이 한계효용이다. 처음에는 총효용이 급격히 증가하다가 한계효용이 감소하면서 총효용의 증가율은 둔화된다.

한계효용과 달리 평균 효용은 총효용을 전체 비용으로 나눈 값이며, 총효용 곡선에서 두 점을 잇는 평균 기울기에 해당한다. 반면에 한계효용은 접선 기울기에 해당한다. 보통 피자를 먹을 때 몇 조각을 먹을 것인가 하는 결정은 한계효용보다 평균 효용에 따른다. 평균 효용이란

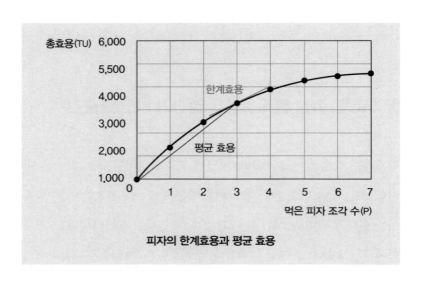

피자의 한계효용과 평균 효용

총비용 대비 충분히 배부르고 만족한 수준, 즉 가성비에 해당한다. 굳이 총효용이 극댓값이 될 때까지 배 터지게 먹을 필요는 없다.

언제까지 얼마만큼 먹을 것인지는 식당의 종류에 따라서, 또 누가 돈을 내느냐에 따라서 달라진다. 일정 금액만 내면 마음대로 먹을 수 있는 뷔페에 가서는 누구나 총효용이 최대가 되는 시점, 즉 한계효용이 0이 될 때까지 먹는다. 그야말로 실컷, 더 이상 먹기 싫어질 때까지 먹는다. 이미 돈을 지불했으니 한계효용에 상관없이 총효용을 극대화하면 된다. 반면에 회전 초밥 식당은 먹은 만큼 돈을 낸다. 색깔마다 가격이 다른 초밥 접시가 컨베이어벨트를 타고 손님들 앞으로 지나가고, 손님들은 원하는 초밥이 자기 앞을 지날 때 하나씩 집어서 먹고 빈 접시를 한쪽 옆에 쌓아둔다. 그리고 한 접시를 더 먹을 때마다 한계효용이 얼마나 될 것인지 머릿속으로 판단한다. 쌓아둔 접시 종류와 개수에 따라 계산이 달라지니까. 물론 회전 초밥 식당에서도 다른 사람이 돈을 내는 경우라면 한계효용과 관계없이 총효용이 극대화되는 시점까지 먹으면 될 일이다.

재난지원금을 어느 계층에 지급해야 효용을 극대화할 수 있을까?

한계효용 체감의 법칙은 정책 문제에도 적용된다. 어쩌다 공돈이 생기면 기쁘다. 하지만 계속 공돈이 생기다 보면 여전히 좋으면서도 한편으로는 점점 당연한 것으로 여기게 된다. 코로나19로 어려울 때 생각지도 않던 1차 재난지원금은 고마운 마음으로 잘 받아서 썼고, 2차 재난지원금도 나름대로 요긴하게 잘 사용했다. 하지만 3차 때는 왜 좀 더 증액되지 않았는지 실망하게 되고 심지어 4차 재난지원금은 자신의 손실액에 미치지 못한다며 원망까지 하게 된다. 한계효용이 감소하는 것은 심리적으로 기대치가 높아졌기 때문으로 설명할 수도 있고, 물리학적으로 엔트로피 개념을 써서 설명할 수도 있겠다.

엔트로피의 열역학적 정의는 열량 나누기 절대온도다. 물체가 열을 전달받으면 에너지는 받은 열량만큼 증가하고($\Delta E = Q$), 엔트로피는 받은 열량을 물체의 온도로 나눈 만큼 증가한다($\Delta S = \dfrac{Q}{T}$). 에너지 증가량은 물체의 온도와 관계없다. 하지만 에너지 증가량이 같더라도 저온의 물체는 엔트로피가 많이 증가하고 고온의 물체는 적게 증가한다. 열량을 빼앗길 때도 마찬가지다. 같은 열량을 빼앗기더라도 고온의 물체는 엔트로피가 조금 줄어드는 데 비해 저온의 물체는 상대적으로 많이 줄어든다.

열량이 같은데도 물체가 차가울수록(온도가 낮을수록) 엔트로피가 크게 증가하는 것은 마치 똑같은 지원금을 받더라도 재산이 적을수록 그 효용이 큰 것과 같다. 통계열역학에서 엔트로피는 무질서라는 의미도 있고 일을 할 수 있는 유효 에너지available energy라는 의미도 있다. 즉 가장 차가운 취약계층에 지원금을 집중해서 지급하는 것이 사회적인 엔트로피를 증가시킬 수 있다. 즉 한계효용을 극대화할 수 있다는 말이다.

온도가 높은 물체는 열량을 얻을 때나 빼앗길 때나 자신의 높은 온도로 나누기 때문에 엔트로피 변화가 그리 크지 않다. 100만 원은 재산이 100억 원인 사람에게는 적은 돈이지만, 재산이 1,000만 원인 사람에게는 상대적으로 큰돈이다. 손실에 대해서도 마찬가지다. 똑같은 100만 원이라 하더라도 재산이 많고 적음에 따라 잃었을 때의 슬픔이 다를 수밖에 없다.

자, 이제 마지막 장이다. 한계효용의 기울기를 통해 어떤 순간이 자신에게 가장 만족스러운 결과인지 알고 어느 계층에 재난지원금을 지급해야 최적의 결과가 나오는지 알 수 있는 것처럼, 이제 자연과 주식 등 다양한 분야에서 미적분을 어떻게 활용할 수 있는지 알아보고자 한다. 미적분은 당신의 결정을 올바른 방향으로 이끄는 훌륭한 수학 도구다.

미래는 어떻게 움직이는가

불확실한 미래를 알고 싶어하는 것 그리고 자신에게 만족스러운 결과를 만들고 싶은 것은 인간의 원초적인 욕구다. 이러한 욕구 위에 학문들이 탄생했다. 모든 학문은 미래를 예측하기 위한 것이라 해도 과언

이 아니다. 우리가 공부를 하는 이유도 자신의 전공 분야에서 앞으로 일어날 일을 예측하고, 필요한 경우 전문가로서 남들보다 먼저 사회에 경종을 울리기 위함이다. 역사학자는 과거의 일을 바탕으로 미래의 변화를 예측하고, 경제학자는 경제 모델을 세워 국가의 경제 전망을 내놓는다. 과학자는 자연을 관찰하면서 지구의 환경 변화를 예고하고, 공학자는 미래사회가 요구하는 제품을 내놓는다. 그렇게 우리는 미래 예측이라는 욕망을 좇아 앞으로 나아가고 있다.

미래를 예측하려면 변화의 방향을 읽어야 한다. 시간이 지남에 따라 어떤 양이 점점 증가하는 때가 있는가 하면 점점 감소하는 때가 있다. 또 증가하거나 감소하더라도 일정한 비율로 변화하는 경우가 있고 시간에 따라 변화율이 계속 바뀌는 경우도 있다.

단기간의 변화를 예측하는 수식

아무 정보가 없을 때 가장 손쉬운 미래 예측은 현재의 상태가 그대로 지속될 것이라고 미루어 짐작하는 것이다. 실제로 많은 사람이 내일 기온이 어떻게 될지 또는 주가가 어떻게 변동할지 알지 못할 경우, 오늘과 크게 다르지 않을 거라고 예상한다.

하지만 점점 따뜻해지는 봄이라면 분명 내일의 기온은 오늘보다 올라갈 것이고, 가을이라면 반대로 내려갈 것이다. 이때 기온이 몇 도나 변화할 것인지는 그 전날의 온도 변화를 참고하게 된다. 오늘의 기온이 전날의 기온보다 2도 올라서 섭씨 15도가 되었다면 내일의 기온도 같은 상승폭으로 올라 섭씨 17도가 된다고 예상하는 식이다.

$$f(\text{내일}) = f(\text{오늘} + \text{온도 상승폭}) \cdot \text{하루} = (15 + 2) \cdot 1 = 17\text{도}$$

이처럼 어제부터 오늘 사이의 변화율을 적용해서 내일 일어날 변화를 예측하는 것을 수식으로 쓰면 다음과 같다. 여기서 Δt가 무한소인 경우에는 이론적으로 미분의 정의에 해당한다.

$$f(t + \Delta t) \approx f(t) + f'(t)\Delta t$$

이 식에 따르면 기온은 매일 2도씩 올라 섭씨 15도, 17도, 19도와 같이 등차적으로 변화할 것으로 예측된다. 하지만 상승폭이 그대로 지속된다고 보기는 어렵다. 실제로는 시간이 지나면서 상승폭, 즉 온도 기울기가 달라지므로 예측 온도는 실제 온도에서 벗어나게 된다. 또한 일 단위가 아니라 일주일 또는 한 달과 같이 기간을 길게 잡으면 직선적으로 온도 변화를 추정했을 때 정확한 예측값이 나오기 어렵다.

장기간의 변화를 예측하려면

증가한다는 것은 1차도함수가 양이라는 말이고, 감소한다는 것은 1차도함수가 음이라는 말이다. 언덕이 오르막길인지 내리막길인지는 기울기만 보면 쉽게 알 수 있다. 한참을 가다 보면 기울기 자체가 서서히 변화한다. 기울기가 점점 심해지기도 하고 둔화되기도 한다. 즉 완벽한 직선이 아니고서는 1차도함숫값이 변화한다. 1차도함수가 증가하는 경우에는 2차도함숫값이 양이 되고 곡선은 위로 휘어진다. 반대로 1차도함수가 감소하는 경우에는 2차도함숫값이 음이 되고 곡선은 아래로 휘어진다. 따라서 2차도함숫값이 양인 그래프는 위로 오목하고 아래로 볼록한 곡선이 되고 음일 때는 반대가 된다.

변화의 정도가 달라지기 때문에 단순하게 선형적으로 연장해서는 미래를 제대로 예측할 수 없다. 변화를 정확하게 예측하기 위해서는 기울기(1차도함수)에 추가해서 기울기의 변화율(2차도함수) 또는 그 이상의 고차도함수까지 고려해야 한다. 물론 현실에서 2차 이상의 도함수를 구하는 일은 쉽지 않다.

차라리 시간 구간을 짧게 끊어서 선형적으로 조금씩 전진하는 것도 좋은 방법이다. 한꺼번에 일주일 후의 온도까지 알려고 하지 말고, 일단 어제와 오늘의 온도 차이로부터 내일 온도를 예측하고, 내일 다시 온도 상승폭을 갱신해서 모레 온도를 예측한다. 매일 갱신된 온도 상승폭을 적용해 계속해서 다음 날의 온도를 예측해나가는 것이다. 마치 한쪽 방향으로 행진하는 것처럼 한 걸음 한 걸음 앞으로 나아가는 방법이다. 이를 전진법marching method이라 하며, 미분방정식을 푸는 중요한 해석 방법 중 하나다. 다만 이 경우에도 Δt가 0이 아닌 이상 약간의

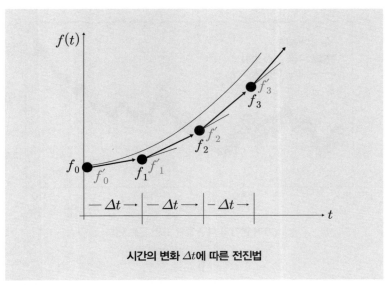

시간의 변화 Δt에 따른 전진법

f_0에서 출발해서 기울기방향으로 연장하면 $f_1 = f_0 + f_0' \Delta t$를 구할 수 있고, 다시 f_1과 f_1'을 써서 $f_2 = f_1 + f_1' \Delta t$를 구하는 것을 반복하면 모든 t에 대해서 수치적으로 해석할 수 있다.

오차는 불가피하며 진행할수록 점점 오차는 누적된다.

과학자들은 미래 지구의 온도 변화를 예측하기 위해 지속적으로 기온 변화를 관찰해왔다. 측정 결과에 따르면 지난 150년간 지구의 평균 온도가 섭씨 1도 가까이 상승했다. 기후변화에 관한 정부간 협의체Intergovernment Panel on Climate Chage, IPCC가 2007년 파리에서 발표한 4차 특별 보고서에 실린 데이터를 보면 온도 증가율은 더욱 가파라지고 있다. 지난 세기에 에너지 사용이 급증하면서 일어난 일이다. 더구나 우리나라의 경우는 지구 전체 평균 증가율의 약 2배에 이른다.

온도 1~2도 정도는 별것 아니라고 생각한다면 자신의 체온을 생각

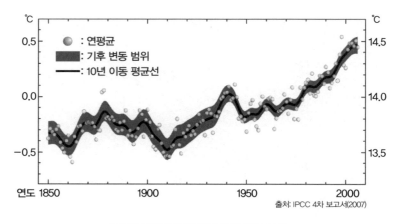

100여 년간의 지구 평균 표면 온도 변화

해보라. 사람은 정상 체온 36.5도에서 1~2도만 올라도 열이 나고 아프기 시작한다. 코로나19 대유행 시기라면 체온감지기에 걸려 꼼짝없이 집에서 자가격리를 해야 할지도 모른다. 그러니 지구라는 커다란 물체의 온도가 전체적으로 1도 올라간다는 것이 얼마나 큰일이겠는가. 실제로 1~2도가 내려가느냐 올라가느냐에 따라서 북극의 얼음이 얼기도 하고 녹기도 한다. 지구는 지금 미열 상태에서 고열로 가는 기로에서 있다고 할 수 있다.

지금의 온도 증가율이 그대로 유지된다면 100년 후의 지구 온도는 4도가량 상승할 것으로 전망된다. 엄청난 온도 상승이다. 현실적으로 지금과 같은 상태에서 온도를 낮추는 것은 고사하고 현재 온도를 유지하는 것조차 불가능해 보인다. 그렇다면 차선책으로 온도 증가율이라도 둔화시켜야 한다. 즉 1차도함숫값이 양일 수밖에 없다면 2차도함

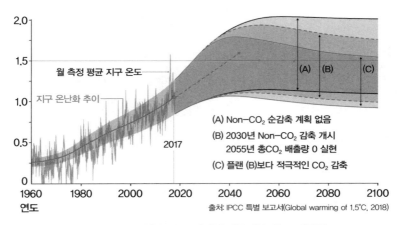

이산화탄소 배출량 감소 방법에 따른 상승 온도 예상안

숫값이라도 음이 되도록 하자는 얘기다. 과학자들은 2100년까지 온도 증가를 1.5도 이내로 억제하는 것을 목표로 정하고 다양한 실험 계획을 내놓고 있다.

2018년 IPCC 보고서에는 월 평균 지구 온도 상승을 1.5도 이내로 억제하기 위한 온실가스의 감축 계획이 들어 있다. 온실가스는 일반적으로 이산화탄소(CO_2)와 비이산화탄소($Non-CO_2$)로 나누는데, 비이산화탄소란 메탄, 이산화질소, 염화불화탄소 등 이산화탄소를 제외한 온실가스를 말한다. 비록 CO_2에 비해서 배출량은 적지만 온난화에 미치는 영향이 커서 별도로 비이산화탄소 감축 계획이 세워질 정도다.

그래프에서 플랜 (A)는 비이산화탄소의 감축 없이 이산화탄소만 감축하는 계획으로, 과학자들의 목표인 '월 평균 지구 온도 상승 1.5도 이내'를 달성하기 어려워 보인다. 반면 플랜 (B)는 2030년부터 비이산화탄소 감축을 시작해 2055년까지 총이산화탄소 배출량을 0으로 만드는 계획으로, 과학자들이 어느 정도 목표를 달성할 가능성이 보인다. 플랜 (C)는 플랜 (B)보다 강도 높은 계획이다. 즉 현 시점에서 온도 증가율(1차도함숫값)과 향후 몇 년간 온실가스 감축에 따른 온도 증가율의 변화(2차도함숫값)를 어떻게 관리하느냐에 따라서 100년 후 지구 온도가 결정된다고 할 수 있다.

미적분으로 이해하는 경제의 흐름

다시 경제학으로 돌아가보자. 경제학은 1900년 중반 이후에 수학의 기본적인 미분 개념인 한계 개념을 주요한 분석 수단으로 확대 적용하면서 더욱 발전해왔다. 현대 경제학의 아버지로 불리는 폴 앤서니 새뮤얼슨Paul Anthony Samuelson은 저서《경제분석의 기초Foundations of Economic Analysis》에서 미적분과 미분방정식을 적극적으로 활용하여 경제문제를 해석했다. 이후 경제학은 많은 방정식으로 구성된 경제 모델을 구성하고 수학적 기법을 써서 각 경제 변수들 사이의 변화를 분석하는 방향으로 발전해왔다. 또한 직관적 이해를 위해서 방정식을 그래프로 표현하게 됐는데, 예컨대 한계 개념을 곡선의 접선 기울기로 이해하는 식이다.

나는 합리적인 소비를 하는 사람일까?

현대 경제학에서 가장 중요한 이론인 '효용 극대화 문제utility maximixation problem'는 한계효용 체감의 법칙에서 생겨났다. 개별 소비자는 총효용을 극대화하기 위해 주어진 예산 한도에서 원하는 재화와 서비스를 얼마나 구입할 것인지를 판단한다. 여기서 가장 중요한 수학적 수단은 총효용함수utility function를 1차미분하여 구하는 각 재화나 서비스의 한계효용이다. 각 재화나 서비스의 한계효용이 모두 동일할 때 소비자의 총효용이 극대화되는데, 이를 '한계효용 균등의 법칙law of equimarginal utilities'이라 한다. 이 법칙으로 소비자들의 합리적인 소비 행태를 설명할 수 있다.

소비자 입장에서는 효용을 극대화하기 위한 지출을 하지만, 생산자나 기업 입장에서는 이윤을 극대화하는 방향으로 생산과 공급이 이루어진다. 기업은 총이윤함수(이윤 = 총수입 − 총비용)를 미분한 한계수입과 한계비용이 일치하는 지점에서 재화나 서비스의 생산량을 결정한다. 1개 더 만들어 팔아 생기는 수입과, 만들 때 들어가는 비용이 같아지는 지점이다. 추가적으로 생산하는 데 들어가는 비용이 수입보다 크다면 굳이 생산을 늘릴 이유가 없다. 기업의 '이윤 극대화' 문제다.

소비자와 생산자는 입장에 따라서 효용을 극대화하거나 또는 이윤을 극대화하는 차이는 있지만, 모두 미분을 이용한 극대화 전략을 구사하며 합리적인 경제활동을 하고 있다. 피자를 어지간히 먹고 나면

목이 말라서 피자를 한 조각 더 먹기보다는 음료수를 마시고 싶어진다. 같은 돈을 썼을 때 피자의 한계효용보다 음료의 한계효용이 높기 때문이다. 반대로 아직 배가 덜 찼을 때는 피자의 한계효용이 더 커서 음료수를 안 시키고 계속 피자를 먹는다. 결국 피자의 한계효용과 음료수의 한계효용이 서로 같아지는 방향으로 돈을 지출해야 합리적인 소비가 이루어지는 것이다.

한계효용 균등의 법칙은 다변수 문제인 여러 개의 재화에 대해서도 적용된다. 예를 들어 마트에서 장을 볼 때 주어진 예산으로 여러 종류의 식료품 중 무엇을 얼마나 살까 고민한다. 가장 합리적인 장보기는 라면, 쌀, 아이스크림, 치즈 등의 양을 조절해서 각 식료품의 한계효용이 모두 같아지도록 하는 것이다.

시간 관리에도 한계효용 균등의 법칙이 적용된다. 우리는 공부, 아르바이트, 휴식, 친구 만남 등 각각의 한계효용이 같아지도록 주어진 하루 24시간을 배분한다. 달리 얘기하면 1시간의 여유가 생겼을 때 효용이 가장 높은 또는 높을 것으로 생각되는 행동을 찾는다. 만일 지금까지 꼼짝하지 않고 오랫동안 공부를 했다면 1시간 더 해봐야 한계효용이 낮아지면서 능률은 오르지 않는다. 이때 운동이나 기분을 전환할 수 있는 다른 활동을 하면 효용이 매우 높아질 수 있다. 급한 일이 있거나 중요한 시험을 앞두고 있다면 지겹더라도 1시간 더 공부하는 것이 한계효용이 더 높을 수도 있다. 물론 개인의 판단에 따라 달라지겠지만 말이다.

아파트 가격은 왜 그렇게 비쌀까?

경제학에서 한계의 개념과 관련하여 1차도함숫값 자체가 중요한 경우가 있다. 바로 수량에 따른 가격 변화를 나타내는 수요곡선과 공급곡선의 기울기다. 이를 수요탄력성과 공급탄력성이라 하며 중요한 경제학적 의미를 가진다.

소비자 입장에서 물건값이 내리면 소비가 늘고 값이 오르면 소비가 줄어든다. 반대로 기업에서는 물건값이 오르면 이윤이 많아지므로 생산을 늘리고 가격이 내려가면 생산을 줄인다. 가격에 따른 수요량의 변화를 나타낸 곡선을 수요곡선, 공급량의 변화를 나타낸 것을 공급곡선이라 한다.

수요의 법칙은 재화의 가격이 하락(상승)하면 그 재화의 수요량은

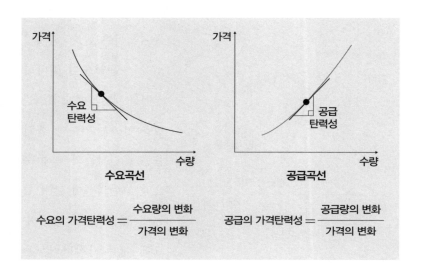

증가(감소)한다는 것이다. 즉 수요곡선에서 가격과 수요량은 음의 상관관계를 갖는다. 수요의 법칙은 가격 변화에 따른 수요량 변화의 방향에 대해서는 알려주지만 변화의 크기는 알려주지 않는다. 수요곡선에서 변화의 정도를 알기 위해서는 수요의 가격탄력성이라는 개념이 필요하다. 다름 아닌 수요곡선의 기울기다. 이는 어느 재화의 가격이 변할 때 그 재화의 수요량이 얼마나 민감하게 변하는지를 나타내는 지표로서 수요량 변화를 가격 변화로 나눈 수치다. 이러한 수요의 가격탄력성은 수요곡선의 모양에 따라서 달라지고 경제정책이나 개별 주체의 의사결정에 크게 영향을 끼친다. 공급의 가격탄력성도 수요의 가격탄력성과 마찬가지다.

정부는 국민 건강을 위해 흡연 수요를 억제하려고 한다. 그 방법으로 담배에 부과하는 세금을 높여서 담뱃값 인상을 유도한다. 수요의 법칙에 따라 담뱃값이 인상되면 당연히 담배 수요는 줄고 흡연 인구는

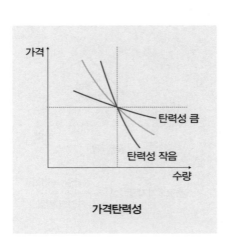

가격탄력성

줄어들어야 한다. 하지만 정부는 흡연율이 얼마나 줄어들 것인가에 대해서는 말을 아끼는 편이다. 흡연율은 흡연자들의 담배 수요 가격탄력성에 달려 있는데, 통상적으로 담배 수요에 대한 가격탄력성은

그리 크지 않은 것으로 알
려져 있기 때문이다.

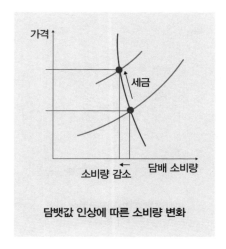

담뱃값 인상에 따른 소비량 변화

가격에 따른 수요량의 변
화가 적은 것을 비탄력적이
라 하며, 수요곡선에서 기
울기가 가파르게 나타난다.
대체할 수 있는 대체재가
별로 없거나 필수품인 경
우 또는 담배처럼 중독성이
있는 경우에는 어쩔 수 없이 계속 소비하는 경향이 있기 때문에 수요의
가격탄력성이 작을 수밖에 없다. 결과적으로 담뱃값 인상에 따른 수요
감소는 일시적이거나 미미하게 나타난다.

여러분은 비행기에 타기 전에 공항 내 대기실의 식당에서 간단한 식
사를 하면서 음식값이 왜 이렇게 비싼가 하는 의문이 들었던 경험이 있
을 것이다. 이는 식당 주인의 관점에서는 이윤을 극대화하려는 지극히
합리적인 선택의 결과다. 식당 주인은 이미 수요의 가격탄력성이라는
개념을 알고 있고 이를 적용한 것이다. 탑승객은 체크인을 하고 대기실
로 들어서는 순간 더 이상 밖으로 나갈 수 없다는 제약이 생긴다. 음식
값을 높이더라도 배가 고픈 이상 사 먹지 않을 방법, 즉 선택의 여지가
없는 것이다. 이를 경제학적으로 말하면, 가격을 높이더라도 수요량을
크게 줄일 수 없다. 즉 수요의 가격탄력성이 비탄력적이어서 식당 주인

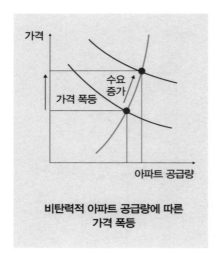

**비탄력적 아파트 공급량에 따른
가격 폭등**

은 가격을 높임으로써 총수입을 올릴 수 있는 것이다.

공급의 가격탄력성을 활용하여 설명할 수 있는 것 중에 하나가 서울 아파트 가격의 상승이다. 서울 아파트에 대한 수요가 항상 존재할 뿐 아니라 오히려 증가하는 상황에서, 서울 아파트에 대한 공급은 비탄력적이므로 아파트 가격이 계속 상승한다. 어느 장관이 푸념처럼 말했듯이 수요 증가에 대응하여 서울 아파트 공급을 크게 늘릴 수 있다면 아파트 가격은 그렇게 상승하지 않았을 것이다. 즉 서울 아파트는 토지의 한계 등 때문에 공급의 가격탄력성이 매우 비탄력적이므로 가격이 아무리 상승해도 공급량이 크게 늘어날 수 없다. 그러므로 수요가 늘어나면 가격에 곧바로 영향을 끼친다.

이제는 자본을 쌓지만 말고 움직여야 하는 시대

매일 수입과 지출이 생기고 이에 따라서 은행 잔고는 변동한다. 경제학에서 월 소득이나 지출과 같이 계속 흘러가는 양을 유량流量 또는 플로flow라 하며, 자산이나 부와 같이 축적되어 있는 양을 저량貯量 또는 스톡stock이라 한다. 즉 저량은 일정 기간 유량을 누적한(적분한) 값이고, 유량은 저량의 변화율(미분한 값)이다. 예를 들면 욕조에 물을 받을 때, 수도꼭지에서 유입되는 물의 양이 배수구를 통해 배출되는 양보다 많으면 욕조에 담겨 있는 물의 총량은 증가하고, 이는 순유입된 물의 양이 누적된 값이다. 내가 현재 가지고 있는 자산 중 부채를 제외한 자본 역시 소득에서 지출을 제외한 순수입을 모두 적분한 값, 즉 저량이다.

투자와 자본의 관계도 유량과 저량의 관계로 설명할 수 있다. 기업에서는 생산을 늘리기 위해 자본을 축적해야 한다. 그리고 기업은 자본을 늘리기 위해서 투자를 한다. 즉 한 기업의 자본은 일정 기간 동안 행해진 투자의 누적값, 즉 적분값이 될 것이다. 예를 들어 삼성전자가 반도체 생산을 늘리기 위해서는 클린룸 등 생산시설을 확충해야 한다. 이를 위해 공장 부지를 새로 구입하고 반도체 설비도 추가로 도입해야 한다. 이와 같이 공장 부지 매입 비용, 기계 구입 비용 등은 일정 기간 기업이 투자한 금액(유량)이고, 이러한 투자 금액을 누적으로 합하면 특정 시점(가령 12월 31일)의 삼성전자 반도체 공장의 자본총액(저량)이 되는 것이다. 다시 말해 특정 시점의 자본은 일정 기간 삼성전자가 지출한 투자액의 합계, 즉 적분한 값이 된다.

외환보유액과 국제수지 역시 유량과 저량의 관계다. 한 나라의 국제수지란 일정 기간(가령 1년 동안) 다른 나라와 교역한 모든 경제적 거래에 따른 수입과 지출의 차이를 말한다. 가계와 마찬가지로 수입이 지출보다 많으면 순수입이 생기고 이를 국제 금융거래의 기본이 되는 통화인 달러로 보유하면 외환보유액이 늘어난다. 반대로 수입보다 지출이 많으면 외환보유액이 감소한다. 이와 같이 특정 시점의 외환보유액은 과거의 국제수지 누적값(적분한 값)이고, 반대로 국제수지는 외환보유액의 유량에 해당한다.

전통적인 의미에서 부자는 돈을 많이 모은 사람이고 지식인은 머리에 지식을 많이 축적해놓은 사람이다. 지식인은 오랜 시간에 걸쳐서 성실하게 일해서 많은 자산이나 지식을 축적한 사람들이다. 산업사회에서는 개인이나 기업이나 저량이 중요했다. 보릿고개를 넘기기 위해서는 먹을거리를 잔뜩 비축해놓아야 했다. 기업들은 대마불사大馬不死(바둑에서 큰 말은 죽지 않는다는 뜻)를 신봉하며 부동산을 매입하고 자산 규모를 키워나갔다. 하지만 급속히 변화하는 사회에서 덩치가 크면 오히려 빠르게 변신하거나 대응하기 어렵다. 이제 기업의 경쟁력은 자산의 규모가 아니라 원활한 유동성에 달려 있다. 첨단기업일수록 신속한 유통과 정보 전달을 중시한다. 재고를 쌓아둘 창고 공간보다 물량을 원활하게 유통시키는 네트워크가 더 중요해지는 이유다.

지식도 마찬가지다. 과거 지식이나 정보를 얻기 힘들었던 시절에는 지식을 가지고 있는 것만으로도 크게 행세할 수 있었다. 학창시절 열심히 공부해서 지식을 일단 쌓아놓으면 평생 편하게 살 수 있었다. 어지간히 습득해두면 나이 들어 더 이상 공부하지 않아도 상관없는 시절이었다. 하지만 많은 정보가 하루가 멀다 하고 쏟아져 나오는 지금, 부단히 새로운 지식을 습득해야 한다. 그렇다고 많은 정보를 머릿속에 모두 담아둘 필요는 없다. 이제 모든 정보는 인터넷에서 쉽게 얻을 수 있기 때문이다. 많은 지식을 축적하는 것보다, 필요할 때마다 신속하게 찾아내고 내 것으로 만들어 활용할 수 있는 능력이 더 중요하다. 지식의 보유가 아닌 활용의 중요성이 강조되는 것이다.

이에 따라 평생직장이라는 개념도 바뀌고 있다. 회사는 더 이상 직원을 회사의 축적된 고정자산으로 보지 않고 그때그때 필요한 인재를 채용할 수 있는 유동자산으로 본다. 직원 입장에서도 마찬가지다. 한 직장에서 같은 일을 하면서 고인 물처럼 살고 싶지 않아, 새롭고 흥미로운 일거리를 찾아서 계속 이직을 한다.

유량(플로)과 저량(스톡)은 미적분의 관계다. 휘발성이 강한 미래 사회는 저량보다 유량이 중시된다. 재고보다 유통이, 고정자산보다 유동자산이, 보유보다 활용이 강조되는 시대다.

내 미래 자산은 언제 2배가 될까? 근사법

보통은 축적된 자산을 불리기 위해 은행에 예금하거나 주식에 투자한다. 가장 안전한 방법은 은행에 넣어두는 것이다.

은행 이자율은 경제 상황에 따라서 오르기도 하고 내려가기도 한다. 과거 경제가 고도로 성장하던 시대에는 돈이 귀했다. 시중에 돈은 없는데 사업하려는 사람은 많아서 예금이자율이 10퍼센트가 넘고 대출이자율은 20퍼센트가 넘었다. 아무리 대출이자율이 비싸도 돈을 빌리려는 사람들이 줄을 이었다. 그러다 보니 통장에 돈을 넣어놓기만 해도 복리 효과가 톡톡히 나타났다. 예금이자율이 20퍼센트라면 100만 원이 1년 후에는 120만 원, 2년 후에는 144만 원, 3년 후에는 173만 원, 4년 후가 되면 207만 원으로 불어났다. 은행에 넣어두면 4년 만에 돈이 2배 이상이 되는 것이다.

이쯤에서 이자율에 따라 원리금이 2배가 되는 기간이 궁금하지 않은가? 이자율이 5퍼센트일 때 원금 100만 원이 2배가 되려면 다음 식에서 햇수 n을 구하면 된다.

$$100 \cdot (1+0.05)^n = 200$$

결론부터 얘기하면 70을 이자율로 나누면 된다. 즉 이자율이 5퍼센트라면 14년($n = \dfrac{70}{5}$)이 흘러야 원리금이 2배가 된다. 이자율이 2퍼센트라면 35년($n = \dfrac{70}{2}$), 3.5퍼센트라면 20년($n = \dfrac{70}{3.5}$)이 걸린다.

이 공식은 이자율뿐 아니라 경제성장률이나 인구증가율에도 동일하게 적용된다. 중국은 2010년부터 2017년까지 경제성장률이 평균 10퍼센트에 이르렀고, 7년($n = \dfrac{70}{10}$)이라는 기간 동안 GDP가 실제로 2배 증가했다. 현재 중국의 경제성장률을 5퍼센트만 잡더라도 14년 후면 다시 지금의 2배가 되어 미국의 경제력을 앞지를 것으로 예상할 수 있다.

이와 같은 계산법을 근사법approximation이라고 하는데, 근사법은 함숫값 $f(x)$를 알고 있을 때 바로 인근의 함숫값 $f(x+\Delta x)$를 근사적으로 예측하는 방법이다. 잘 알아두면 여러 가지 복잡한 계산도 암산이 가능하다. 근사법은 테일러급수Taylor series에 기초한다. 테일러급수는 미분 가능한 함수를 거듭제곱급수로 나타낼 수 있다는 원리다. 거듭제곱급수는 멱급수라고도 하는데, Δx의 거듭제곱항들로 이루어진 무한급수다.

$$f(x+\Delta x) = f(x) + f'(x) + f''(x)\frac{\Delta x^2}{2!} + f'''(x)\frac{\Delta x^3}{3!} + \cdots$$

x일 때의 함숫값을 $f(x)$라고 할 때, x에서 조금(Δx) 떨어진 곳, 즉 $x+\Delta x$일 때의 함숫값 $f(x+\Delta x)$는 $f(x)$에 1차미분항과 고차미분항들을 합산하여 구할 수 있다. 여기서 Δx가 작으면 2차미분항 이하의 항들은 무시할 수 있고, 그러면 $f(x+\Delta x) = f(x) + f'(x)\Delta x$라는 기본적인 미분 정의로 귀결된다. 앞서 설명한 단기간의 변화를 예측하는 식에서 시간 t가 다른 변수 x로 바뀌었을 뿐 똑같은 식이다.

예를 들어 1을 제곱한 $1^2 = 1$을 써서 1.03을 제곱한 값 1.03^2을 구해보자. 일단 $f(x) = x^2$이라는 함수를 생각하고 $x=1$, $\Delta x = 0.03$으로 하면 뒷장의 그래프와 같이 표현된다.

여기서 $f(x)$를 미분하면 $f'(x) = 2x$이므로 $f'(1) = 2$가 되고 이에

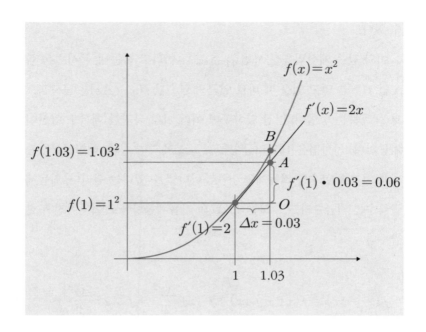

따라 $f(1.03)$은 다음과 같이 계산된다.

$$f(1+0.03) \approx f(1) + f'(1) \cdot 0.03 = 1^2 + (2) \cdot 0.03 = 1.06$$

실제 1.03의 제곱은 1.0609이므로 약간의 차이가 난다. 그래프에서 $f(1)$은 O점에 해당하고 여기에 1차미분항을 더하면 A점이 되는데, 실제 값 $f(1.03)$은 B점인 것이다. Δx가 작으면 이 오차는 더 작아진다.

또 다른 예를 들어보자. 1.02의 역수를 구할 수 있는 $f(x) = \dfrac{1}{x}$이라는 함수의 도함수는 $f'(x) = \dfrac{-1}{x^2}$이므로 $x = 1, \Delta x = 0.02$라 하면 다음과 같이 구할 수 있다.

$$f(1+0.02) \approx f(1) + f'(1) \cdot 0.02 = \frac{1}{1} + (-1) \cdot 0.02 = 0.98$$

실제 1.02의 역수는 0.980392이므로 크게 다르지 않다.

근사법은 다양한 함수에 적용된다. 복잡한 함수에 대해서도 간단한 근사식으로 함숫값을 예측할 수 있다. Δx가 작은 값일 때, $\sin \Delta x \approx \Delta x$가 되고 $\ln(1+\Delta x) \approx \Delta x$, $1/(1-\Delta x) \approx 1+\Delta x$ 등으로 근사적으로 함숫값을 구할 수 있다. 즉 역수라든가 지수 또는 복잡한 로그함수나 사인함수 등도 계산기의 도움 없이 암산할 수 있다. 도전하고 싶은 사람은 $(1.02)^4$, $\frac{1}{10.5}$, $\sin(0.1)$, $\tan(46°)$, $\exp\left(\frac{1}{0.97}\right)$ $10^{3.03}$ 등을 근사법으로 구해보기 바란다.

다시 복리 계산으로 돌아가서, 70 나누기 이자율이라는 결괏값이 어떻게 나왔는지 유도해보자. 먼저 원리금이 원금의 2배가 되기 위한 햇수 n을 구하려면 $\left(1+\frac{r}{100}\right)^n = 2$에서 n을 구해야 한다. 여기서 r은 이자율(퍼센트)이다. n을 구하기 위해 양변에 자연로그를 취하면 다음과 같이 정리된다.

$$n = \frac{\ln 2}{\ln(1+r/100)} = \frac{0.7}{r/100} = \frac{70}{r}$$

앞에서 설명한 것처럼 70을 이자율로 나누면 원리금이 원금의 2배가 되는 햇수가 된다는 것을 증명한 셈이다.

요즘은 이자율이 워낙 낮아 원리금이 원금의 2배가 될 때까지 기다리는 데 너무 긴 세월이 필요할 테니, 원리금이 원금의 1.5배가 되는 햇수를 같은 방법으로 구해보자. ln(1.5) = 0.4055이므로 다음과 같은 식으로 구해진다.

$$n = \frac{\ln 1.5}{\ln(1 + r/100)} = \frac{0.4055}{r/100} \approx \frac{40}{r}$$

즉 원리금이 원금의 1.5배가 되기 위한 햇수는 40을 이자율로 나누면 된다. 이자율이 2퍼센트면 20년, 4퍼센트면 10년, 5퍼센트면 8년이 지나야 원리금이 원금의 1.5배가 된다.

마찬가지로 원리금이 원금의 1.2배가 되는 햇수는 18년이 된다. 이자율이 1퍼센트면 18년, 2퍼센트면 9년이 걸린다. 100만 원을 은행에 넣어놓고 20만 원 버는 데 이렇게 오래 걸리니 사람들이 예금이자로 돈 벌기를 포기하고 주식에 눈을 돌리는 게 아닐까.

단타 vs 장투, 미적분이 알려주는 안전한 투자 전략

자연현상은 연속적으로 변화한다. 물을 데우면 점점 뜨거워지고 뜨거웠던 커피는 서서히 식어간다. 폭발이나 충돌처럼 급격한 변화가 일어나는 현상이라 하더라도 시간을 매우 짧게 나누어보면 결국 연속적이고 또 미분 가능한 과정이라 할 수 있다. 모두 물리적으로 설명되는 원인 때문에 일어나며 단지 매우 짧은 시간에 일어나는 현상일 뿐이다.

날씨 변화는 주가만큼이나 변동이 심해 보인다. 어느 날은 기온이 올라가고 어느 날은 내려간다. 온도를 미분한 값은 양과 음을 오가며 널뛰기를 한다. 봄에는 온도가 서서히 오르고 가을에는 서서히 내려가지만, 하루하루 온도 변동률만 봐서는 어느 계절인지 구별하기 쉽지 않다. 하지만 시간 간격을 분 단위 이하로 매우 잘게 나누면 온도 변화는 거의 연속적으로 나타난다. 온도뿐 아니라 온도의 변화율 역시 거의 일정하거나 연속적으로 변화한다. 매 순간 꽤 정확한 온도 변화율(1차도함숫값)을 알 수 있고, 잘하면 온도 변화율의 변화율, 즉 2차도함숫값까지도 구할 수 있다.

자연현상은 변동이 심해 보여도 미분을 써서 상당히 정확하게 예측할 수 있다. 다시 말하지만 1차도함수는 함숫값이 증가하는지 감소하는지 변화의 정도를 알려주고, 2차도함수는 증가하더라도 증가 속도가 점점 빨라지는지 아니면 둔화되는지 알려준다. 감소할 때도 마찬가지다.

초단타가 어려운 수학적 이유

그렇다면 자연현상이 아니라 다른 분야의 미래도 정확하게 예측할 수 없을까? 2021년에 코스피지수 3,000을 돌파하며 한국에서 가장 뜨거운 감자가 된 주식으로 이야기해보자. 주식으로 돈을 버는 원리는 간단하다. 쌀 때 사서 비쌀 때 팔면 된다.

그런데 그렇게 쉽지 않다. 먼 미래는 고사하고 내일 또는 1시간 후의 주가를 예측하기 어렵기 때문이다. 정확한 예측은 고사하고 오를 것인지 내릴 것인지조차 가늠하기 어렵다. 실제로 연일 상승세를 달리던 한국의 코스피지수는 2021년 말부터 급격히 떨어지기 시작해 2022년 1분기까지도 3000을 회복하지 못했다. 주가는 자연현상처럼 연속적

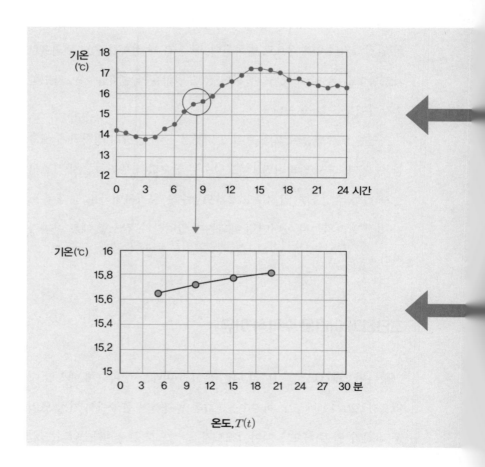

으로 변동하지 않으며, 단발적으로 일어나는 개별적인 매도·매수 계약일 뿐이다. 도대체 어디로 튈지 모르고, 왜 그렇게 튀는지 이유도 알 수 없다. 시간이 지나고 나서야 여러 가지 이론으로 주가 변동의 이유를 설명할 수 있을 뿐이다.

단타란 짧은 시간 내에 사고팔아 차익을 챙기는 투자 방법을 말하는데, 수학적으로는 미분을 이용한 투자다. 예상되는 주가 변동률이 양

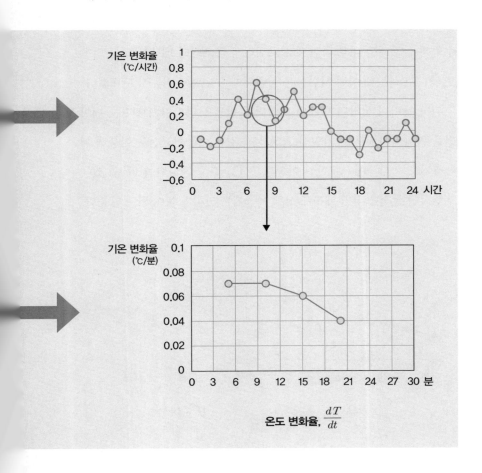

이면 매수하고 음이면 매도한다. 이전 시간의 변화율을 연장해서 바로 다음 시간에도 동일한 변화율이 유지될 것으로 가정하는 것이다. 물론 개인별로 기준으로 삼는 시간 스케일은 다르다. 하루 단위로 일봉을 보는 사람, 1주일을 단위로 주봉을 보는 사람, 길게 월봉을 보는 사람 등 자신만의 고유한 시간 기준이 있다. 또는 분 단위로 보는 초단타도 있다. 하지만 시간 간격을 아무리 잘게 쪼갠다 하더라도 자연현상처럼 연속적인 변화는 기대하기 어려운 것이 주가다. 미분의 시간 간격을 수학책에서 배운 대로 극한으로 보내면서 극초단타 매매를 하는 경우도 있다고 하는데 이런 사람들은 증권매매 수수료나 버는지 모르겠다.

워낙 등락이 심하니까 개별 데이터의 변동을 따라가기보다는, 데이터를 완화시킨 5일선, 10일선, 20일선과 같은 이동평균선을 이용해 예측하기도 한다. 하지만 이런 이동평균선도 결국 지나봐야 알 수 있는 후행적인 성격을 갖기 때문에 선행 예측에는 전혀 도움이 되지 않는다.

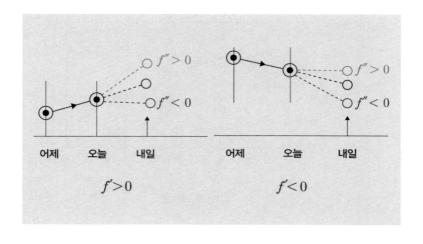

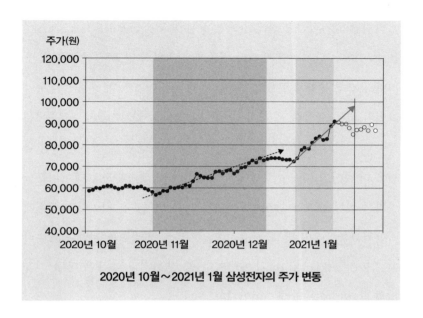

2020년 10월~2021년 1월 삼성전자의 주가 변동

　위의 그래프는 2020년 말부터 2021년 초까지 삼성전자 주가 변동을 표시한 것이다. 이동평균선도 함께 그려져 있다. 2022년 11월 이후 주가가 계속 상승했고, 특히 연말에 상승세가 더 컸다. 이러한 삼성전자 주가 이동평균선에서 기간을 어떻게 잡느냐에 따라서 기울기가 크게 달라진다. 11~12월 동안의 기울기(점선 화살표)보다 연말부터 연초까지의 기울기(빨간 화살표)가 훨씬 크다. 그대로 연장하면 당장이라도 주가가 10만 원을 넘어설 것으로 보인다. 하지만 현실은 그렇지 못하고 오히려 9만 원 이하로 떨어졌다. 2022년에는 6만 원 후반~7만 원 초반을 맴돌고 있다. 주식시장은 연속적인 자연현상과 다르게 도함수로 정확한 미래 예측이 불가능해 보인다.

하지만 장기적인 관점에서 보면 경제 상황이 연속적으로 변하는 것은 분명하다. 단기적인 데이터 변동에 집착하지 않고 긴 스케일로 우리나라 경제 상황이나 주가 변동을 살피는 것이 그나마 해볼만한 투자 방법이 아닐까 싶다. 주가의 높고 낮음보다는 일차적으로 큰 틀에서 상승 국면이냐 하강 국면이냐 하는 1차미분을 살피고, 또 가능하면 한 걸음 더 나아가 이러한 국면에 어떠한 변화가 생기는지, 즉 2차미분을 살피는 것이 중요하다. 상승 국면일지라도 변곡점을 지났다면 고점에 가까워졌음을 의미하고, 하강 국면일지라도 변곡점을 지났다면 바닥에 가까워졌음을 의미하기 때문이다. 즉 '변화의 기울기'에 더해 '기울기의 변화'에 주목하라는 이야기다.

적분으로 투자하라

수많은 전문가는 주식이 변동성이 크기 때문에 안전하게 분산투자해야 한다고 말한다.

적립식 펀드 또는 정기 자동 매수 펀드는 약정한 매수 신청 금액만큼, 가령 한 달 간격으로 정해진 날짜에 정기적으로 매수한다. 예컨대 동일 금액으로 주가가 높을 때는 적게 매입하고 주가가 낮을 때는 많이 구매하는 방법이다. 이런 종류의 펀드는 매수 시점이 분산되어 있기 때문에 변동하는 주가를 일일이 따라가지 않고 안정성을 유지할 수 있다. 그래서 매입 단가를 평균화하는 효과가 있는데, 이를 코스트 애

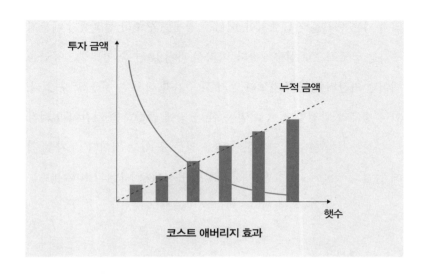

투자 금액

누적 금액

햇수

코스트 애버리지 효과

버리지 효과cost average effect라 한다. 수학적으로 볼 때 적분을 이용한 투자다. 주가 변동이 연속적이거나 미분할 수 없어도 적분은 주가 변동을 누적하면서 평준화하는 역할을 한다.

시장 상승기에 가입 시 최초 목돈을 납입한 후 추가 납입이 불가능한 폐쇄형 펀드인 거치식 펀드에 비해서 적립식 펀드는 절반의 수익밖에 얻지 못한다. 하지만 하강기에는 손실을 절반으로 줄일 수 있는 장점이 있다. 또 2~3년 동안 분산투자를 하기 때문에 긴 호흡으로 시장의 변화를 따라갈 수 있다. 앞으로 몇 년간 경기가 조금이라도 좋아질 것으로 예상되는 경우 단기간의 변화에 일희일비하지 않고 안전하게 투자하는 방법이다.

실제로 미국에서 가장 많이 활용되는 S&P500 지수의 과거 10년이 넘는 기간 동안의 실적을 보면 더욱 분명해진다. 세계 주요 500대 기업의 주가는 등락을 거듭했지만, 어쨌든 경제는 꾸준히 성장했기 때문에 주가는 궁극적으로 상승해왔다. 따라서 과거 10년 중 어느 2년 동안을 떼어낸 기간의 평균 주가보다 만기 시 주가가 더 높은 것을 알 수 있다. 미국 경제가 발전할 것으로 믿는 한, 중간에 급락하는 기간이 있더라도 분산투자를 한다면 안전한 수익을 얻을 수 있는 것이다. 투자의 귀재 워런 버핏Warren Buffet은 미리 작성한 유서에서 "유산의 10퍼센트는

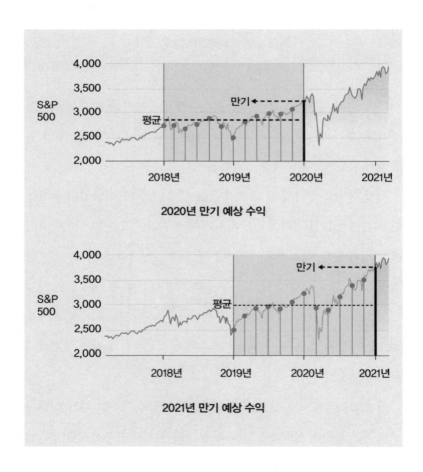

2020년 만기 예상 수익

2021년 만기 예상 수익

국채 매입에, 나머지 90퍼센트는 S&P500 지수에 투자하라"라고 했다. 가히 그럴 만하다.

정리하자면 단시간의 주가 변동에 투자하는 것을 미분 투자라 한다면, 장기간의 평균 주가에 투자하는 것은 적분 투자라 할 수 있다. 미분 투자와 적분 투자 모두 시간의 경과에 따라 연속적으로 관측된 주가 변동에 기반한 기술적 분석에 따른 것이다. 하지만 주식의 고수들은 주가의 기술적인 변동과 더불어 순자산이나 순이익과 같은 기업의 기본적인 가치에 집중한다. 순자산은 총자산에서 총부채를 뺀 순수 자산으로 그동안 누적된 자산이다. 이를 총주식 수로 나눈 것을 주당 순자산가치, 곧 BPS book-value per share라 하며, 이를 현재 주가와 비교한 것을 PBR price book-value ratio이라 한다. PBR이 1 미만이면 기업의 가치가 저평가되었다는 뜻이다. 주식투자에는 어차피 위험이 있게 마련이지만, 주가 자체의 변화만을 고려하는 기술적 분석에만 의존하기보다는 누적된 기업의 가치를 고려하는 기본적인 분석을 병행한다면 손실 위험을 줄일 수 있을 것이다.

한때 뉴욕 월가에는 수학 전공자 모시기 붐이 일어난 적이 있다. 수학 전공이 아니더라도 물리학자나 공학자 중에서 수학 실력을 인정받은 사람들은 스카우트되기도 했다. 이들은 미적분은 물론 카오스이론 chaos theory, 게임이론 theory of games, 주파수분석 frequency analysis 등 현란한 수학 이론을 써서 시계열 데이터를 분석했다. 덕분에 금융공학이 발전할 수 있었다. 시장 상황을 수치화하는 모델링 기법이 개발되고 다양한 금융상품이 출시되었다. 하지만 주가 전망이나 종목 선정을 위한 객관적인 예측 방법을 개발했다고 보기는 어렵다. 투자자로서 성공한 사람들 대부분은 수학 공식에 따랐다기보다는 시장의 심리를 꿰뚫는 개인적인 감각이나 직관에 의존한 측면이 크다고 할 수 있다. 주식은 예측의 영역이 아니라 대응의 영역이며, 따라서 수학의 영역이 아니라 심리의 영역인 것이다.

최근에는 미적분이나 다른 현란한 수학 이론보다 AI를 이용해 주가를 예측하는 방법이 떠오르고 있다. 주가라는 것이 자연현상처럼 원리로 예측할 수 있는 것이 아니기 때문에, 수년간 축적된 데이터에 기반하여 주가의 등락을 예측하는 것이 현실적이고 정확할 수 있다. 아직 정확도가 검증되지는 않았지만 이미 시중에 많은 AI 프로그램이 나와 있다. 실제로 카카오페이에서 AI가 관리해주는 펀드를 내놓고 있다.

인공신경망 모델은 특히 입력변수가 중요한데, 단순히 주가나 거래량 같은 기술적 지표들은 물론 기업의 자산이나 수익과 같은 기본 지표들을 활용할 수 있다. 그뿐 아니라 종합주가지수, 환율, 인구 변동, 주택 가격 변화 등 국가의 경제지표들까지 입력변수로 활용한다. 더 나아가면 정량화되지 않은 정보, 예를 들면 관련 기업의 공시 정보, 기업과 관련된 이슈 등까지 고려하여 판단할 수도 있다. 입력변수를 어떻게 구성하느냐에 따라 AI의 관리 수준이 달라진다. 이처럼 인공신경망의 구조가 다르고 활용하는 입력변수의 종류나 데이터 학습량이 다르기 때문에 결과적으로 나타나는 각 프로그램의 예측 정확도나 지능의 정도는 더 지켜봐야 할 일이다. 하지만 상대가 있는 게임에서 시장의 심리 변화에 따른 새로운 데이터로 끊임없이 학습시키지 않는 한, 예측을 잘하던 AI도 금세 무용지물이 될 것이다. 많은 사람이 막히지 않는 길을 잘 안내하던 AI 내비게이션을 이용하면서 모두 한데로 몰리는 바람에 내비게이션이 오히려 막히는 길을 안내한 꼴이 되는 것처럼 말이다.

일찍이 미분 개념을 고안한 뉴턴조차도 말년에 주식투자로 많은 돈을 잃었다. 당시 영국은 무역을 통해 재정 위기를 타개하려 남해회사The South Sea Company를 설립했는데, 투자처를 찾던 중산층들이 대거 참여하면서 주가가 크게 올랐다. 뉴턴도 처음에는 쏠쏠한 재미를 보았다. 그런데 계속해서 주가가 치솟자 뉴턴은 일찍 매도한 것을 아쉬워하며 남해회사의 주식을 다시 매입하게 된다. 바로 그 시점이 주가가 정점을 찍고 거품이 꺼지면서 폭락한 시점이다. 요즘 말로 상투를 잡은 것이다. 이때 뉴턴은 손절하지 않고 오히려 더 매수하며, 떨어지고 있는 주식에 물타기를 해서 손실을 키웠다. 결과적으로 평생 모은 재산의 90퍼센트 가까이 잃고 말았다.

인류 최고의 지성으로 위대한 과학 발견을 하고, 왕립학회 의장과 조폐공사 사장 등으로 많은 사회적 성공을 거두었지만, 뉴턴도 주가의 등락만큼은 예측할 수 없었던 모양이다. 이 사건을 겪고 난 후 뉴턴은 "천체의 움직임은 계산할 수 있지만 인간의 광기는 계산할 수 없다"라는 명언을 남겼다.

미적분으로 읽는 '인생 곡선'

세상의 변화 과정을 보면 대체로 탄생, 성장, 쇠퇴, 소멸의 네 단계를 거친다. 국가나 기업 또는 어느 조직이나 개인 할 것 없이, 인간사는 흥하고 망하고 융성하고 쇠퇴함을 계속 순환하고 반복한다. 자연현상도 마찬가지다. 사람은 태어나서 성장하고 전성기를 누리다가 점점 늙어서 죽는다. 주가는 등락을 거듭하고, 봄, 여름, 가을, 겨울은 하나의 사이클을 이루면서 다시 새로운 봄을 맞는다.

변화의 흐름을 살펴보면 그 시작은 미약하더라도 대개 시간이 지나면 변화는 탄력을 받는다. 1차도함수와 2차도함수가 모두 양인 초기에는 기운이 점점 왕성해지며 상승 가속한다. 한참 왕성하게 상승하던 기운은 변곡점을 지나면서 상승 기울기가 최고조에 이르고 이후 상승세는 서서히 꺾이기 시작한다. 즉 1차도함숫값은 여전히 양이지만 2차도함수가 음의 값을 가지면서 상승세가 둔화된다. 아직 극대점에 이르지 않았지만, 내리막이 곧 시작될 것이라는 것을 감지할 수 있다. 극대점에 도달했다는 것은 최고의 순간인 동시에 이미 내리막이 시작되었음을 의미한다.

한번 내려가기 시작하면 그 속도는 걷잡을 수 없이 빨라지고 추락의 끝은 보이지 않는다. 인생에서나 주식투자에서나 가장 공포스러운 순간이다. 하강 변곡점을 지나고 나서야 비로소 하강세는 진정된다. 가장 낮은 점에 도달하면 더 이상 떨어질 수 없음을 확인하고 새로운 시작을 준비한다. 세상의 변화 과정에서 기울기는 함숫값의 변화를 예고하고, 2차도함수는 기울기의 변화를 예고한다. 즉 1차도함수는 함숫값에 선행하고 2차도함수는 1차도함숫값에 선행한다.

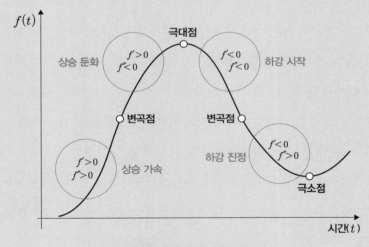

극대점과 변곡점, 극소점의 관계

가속화의 원리 vs 안정화의 원리

자연현상이나 사회현상이 순환하는 것은 서로 상반되는 두 가지 원리,

곧 도와주는 원리(가속화)와 방해하는 원리(안정화)가 동시에 작용하고 있기 때문이다.

가속화의 원리는 곧 상생의 원리다. 변화가 가져온 결과가 다시 그 변화를 증폭시키는 방향으로 되먹임(피드백)하는 것이다. 장작에 불을 붙이면 온도가 올라가면서 수분이 증발해 장작은 타기 쉬운 상태가 되고, 점점 빠르게 타면서 온도는 더욱 빨리 상승한다. 온도가 올라갈수록 연소가 활발해지고 연소가 활발해질수록 온도가 올라가는 상호 상승작용을 한다. 지구 온난화로 인하여 극지방의 겨울철 온도가 올라가는 것도 마찬가지다. 대기 온도가 올라가면 쌓여 있던 눈과 얼음이 녹는다. 지표면을 덮고 있던 흰색이 사라지니 햇빛을 반사하지 못하고 그대로 흡수해 다시 대기 온도를 올린다. 이런 순환은 점점 가속화된다. 물론 가속화의 흐름이 언제나 양의 방향으로 일어나는 것은 아니며 음의 방향 즉 바닥을 향해 치닫는 경우도 있다. 기업이 이윤을 내지 못하면 시설에 투자할 여력이 없고, 투자를 못하니 돈을 벌 기회를 갖지 못하면서 한없이 아래로 추락한다. 이런 현상을 곡선 그래프로 나타내면 지수 곡선처럼 하늘로 치고 올라가거나 땅속으로 곤두박질쳐 내려가는 형태가 된다. 다시 말해 가속화의 원리는 정점을 지난 후 변곡점을 지나기 이전에 나타나는 급변의 상태를 설명한다.

반면 세상에는 이와 반대 원리인 안정화의 원리, 곧 상극의 원리가 존재한다. 장작에 불이 붙으면 온도가 무한정 올라갈 것 같지만, 어느 정도 온도가 오르면 더 이상 오르지 않고 평형 상태를 찾아간다. 온도

가 올라갈수록 주변으로 빼앗기는 열전달량이 많아지기 때문이다. 슈
테판볼츠만의 법칙Stefan-Boltzmann law에 따르면 복사에너지는 절대온
도의 네 제곱에 비례하기 때문에 온도가 올라갈수록 주변으로 빼앗기
는 열량은 급속히 증가한다. 일종의 견제 장치가 작동하는 셈이다. 자
연생태계에서 어느 한 종의 개체수가 늘어나면 먹이사슬 내에 있는 먹
이는 줄어드는 반면 자신들을 잡아먹는 포식자가 늘어나면서 그 종의
증가율을 억제시킨다. 잘나가는 사람도 한없이 출세해서 하늘을 뚫고
올라갈 것 같지만, 자만심과 주변의 견제로 인해 어느 위치 이상 오르
기가 쉽지 않다. 반대로 한없이 추락할 것 같은 주가도 여러 가지 시장
원리가 작동하면서 하나의 평형점을 찾아간다. 그래프로 설명하면 안
정화의 원리는 변곡점을 지나 정점을 향해 진행되는 진정 국면에 해당
한다.

세상의 변화를 설명하는 것은 일차적으로 상승 국면이나 하강 국면
을 결정하는 변화의 기울기, 즉 1차도함수다. 여기에 가속화의 원리나
안정화의 원리에 따른 기울기의 변화율, 즉 2차도함수를 이해한다면
복잡하게 전개되는 세상의 변화 속에서 자신의 현재 위치가 어디인지
좀 더 정확하게 파악할 수 있을 것이다. 아무쪼록 미적분이 현재를 이
해하고 미래를 예측하는 데 도움이 되고 독자 여러분들의 앞날을 대비
하는데 쓸모가 있기를 바란다.

참고 문헌 및 동영상

∙
∙

- 한화택,《공대생도 잘 모르는 재미있는 공학 이야기》, 플루토, 2017, 74-78.
- 한화택,《공대생이 아니어도 쓸데있는 공학 이야기》, 플루토, 2017, 186-191.
- Paul Anthony Samuelson, 1983, Foundations of Economic Analysis, Harvard University Press.
- Isaac Newton, 1736, The Method of Fluxions and Infinite Series with its Applications to the Geometry of Curve-Lines, London, printed by Henry Woodfall.
- Tiago Kroetz, 2009, The "running in the rain" problem revisited: An analytical and numerical approach, Rev. Bras. Ensino Fís, Vol. 31, no. 4, Sao Paulo.
- Carl B. Boyer, 1991, A History of Mathematics, Wiley; 2nd edition.
- Meehl, G.A., T.F. Stocker, W.D. Collins, P. Friedlingstein, A.T. Gaye, J.M. Gregory, A. Kitoh, R. Knutti, J.M. Murphy, A. Noda, S.C.B. Raper, I.G. Watterson, A. J. Weaver and Z.-C. Zhao, 2007: Global Climate Projections. Chapter 10 in: Climate Change 2007: The Physical Science Basis. Contribution of Working Group I to the Fourth Assessment Report of the Intergovernmental Panel on Climate Change [Solomon, S., D. Qin, M. Manning, Z. Chen, M. Marquis, K.B. Averyt, M. Tignor and H.L. Miller (eds.)]. Cambridge University Press, Cambridge, United Kingdom and New York, NY, USA.
- Art of Engineering, How SpaceX Lands Rockets with Astonishing Accuracy, https://www.youtube.com/watch?v=Wn5HxXKQOjw
- Shock Wave Laboratory: Direct Numerical Simulation of a NACA 0012

airfoil flow at M=0.4, Re=50,000, $\alpha = 5°$, https://www.youtube.com/watch?v=AfAM6mfuN3c&t=15s

- Ultimate History of CGI, Frozen - A Material Point Method For Snow Simulation (2013) - Advanced CGI snow animation (HD), https://www.youtube.com/watch?v=1ES2Cmbvw5o

- IDC 데이터 시대 2025(IDC Data Age 2025) 스터디 보고서: The Evolution of Data to Life-Critical, https://www.import.io/wp-content/uploads/2017/04/Seagate-WP-DataAge2025-March-2017.pdf

- 삼성디스플레이 뉴스룸, 〈쉽게 알아보는 공학이야기 2 - 유체역학 편〉, https://news.samsungdisplay.com/15179

- 삼성디스플레이 뉴스룸, 〈쉽게 알아보는 공학이야기 11 - 푸리에 급수〉, http://news.samsungdisplay.com/19688/

- 삼성디스플레이 뉴스룸, 〈쉽게 알아보는 공학이야기 15 - 최적화〉, http://news.samsungdisplay.com/21209/

찾아보기

미적분의 쓸모

초판 발행 · 2021년 5월 18일
개정판 8쇄 발행 · 2024년 9월 11일

지은이 · 한화택
발행인 · 이종원
발행처 · (주)도서출판 길벗
브랜드 · 더퀘스트
출판사 등록일 · 1990년 12월 24일
주소 · 서울시 마포구 월드컵로 10길 56(서교동)
대표전화 · 02)332-0931 | **팩스** · 02)323-0586
홈페이지 · www.gilbut.co.kr | **이메일** · gilbut@gilbut.co.kr
대량구매 및 납품 문의 · 02) 330-9708

기획 및 책임편집 · 안아람(an_an3165@gilbut.co.kr) | **제작** · 이준호, 손일순, 이진혁
마케팅 · 한준희, 김선영 **영업관리** · 김명자, 심선숙 **독자지원** · 윤정아, 최희창

표지 디자인 · 김종민 | **본문** · 정현주 | **교정교열** · 조한라 | **CTP 출력 인쇄 제본** · 예림인쇄

- 더퀘스트는 ㈜도서출판 길벗의 인문교양 · 비즈니스 단행본 브랜드입니다.
- 잘못 만든 책은 구입한 서점에서 바꿔 드립니다.
- 이 책에 실린 모든 내용, 디자인, 이미지, 편집 구성의 저작권은 (주)도서출판 길벗(더퀘스트)과 지은이에게 있습니다.
  허락 없이 복제하거나 다른 매체에 실을 수 없습니다.

ⓒ한화택

ISBN 979-11-6521-955-0 03410
(길벗 도서번호 040220)

정가 19,500원

독자의 1초까지 아껴주는 정성 길벗출판사

(주)도서출판 길벗 | IT실용, IT/일반 수험서, 경제경영, 인문교양 · 비즈니스(더퀘스트), 취미실용, 자녀교육 www.gilbut.co.kr
길벗이지톡 | 어학단행본, 어학수험서 www.gilbut.co.kr
길벗스쿨 | 국어학습, 수학학습, 어린이교양, 주니어 어학학습, 교과서 www.gilbutschool.co.kr

페이스북 www.facebook.com/thequestzigy
네이버 포스트 post.naver.com/thequestbook